面向天基信息支援的高精度遥感影像自动化匹配技术

杨　晟　杨海涛　著

中国宇航出版社

·北京·

版权所有　侵权必究

图书在版编目（CIP）数据

面向天基信息支援的高精度遥感影像自动化匹配技术/杨晟，杨海涛著 . -- 北京：中国宇航出版社，2021.1

ISBN 978 - 7 - 5159 - 1887 - 7

Ⅰ.①面⋯　Ⅱ.①杨⋯　②杨⋯　Ⅲ.①遥感图像－图像处理　Ⅳ.①TP751

中国版本图书馆 CIP 数据核字（2020）第 268586 号

责任编辑　马　喆　　　**封面设计**　宇星文化

出版发行	中国宇航出版社		
社　址	北京市阜成路8号　**邮　编**　100830	**版　次**	2021年1月第1版
	（010）60286808　　（010）68768548		2021年1月第1次印刷
网　址	www.caphbook.com	**规　格**	787×1092
经　销	新华书店	**开　本**	1/16
发行部	（010）60286888　　（010）68371900	**印　张**	11.75　**彩　插**　8面
	（010）60286887　　（010）60286804（传真）	**字　数**	286 千字
零售店	读者服务部　　　　（010）68371105	**书　号**	ISBN 978 - 7 - 5159 - 1887 - 7
承　印	天津画中画印刷有限公司	**定　价**	88.00 元

本书如有印装质量问题，可与发行部联系调换

前　言

　　遥感影像匹配是遥感、摄影测量、机器视觉中最重要和最困难的任务之一，是天基信息支援的关键技术之一，准确率、精度、稠密程度和稳健性是遥感影像匹配的关键，可靠性、速度和自动化水平是工程应用中的瓶颈，高精度自动化匹配与快速处理配套技术亟待解决和突破，系统集成与广泛运用是理论与实践迭代推动的必然趋势。

　　本书章节安排：第 1 章航天遥感与影像处理技术，主要介绍遥感概况与相关知识，包括航天遥感概述、卫星轨道与天基遥感平台、成像模型、影像匹配以及典型系统。第 2 章特征提取与匹配，讲解了特征提取与匹配要素、指标及特点，重点分析了典型的特征提取与匹配原理、算法，并配套提出了工程化的误匹配处理方法。第 3 章准稠密匹配、第 4 章高精度影像匹配与精度评估，为精准的测绘和三维构建提供技术支持。第 5 章和第 6 章，分别针对航区框幅式遥感影像和线阵推扫式遥感影像，设计和实现了遥感影像的自动化匹配与处理系统。第 7 章航天应用与遥感影像处理系统集成，介绍了遥感影像自动化匹配技术在成像观测、目标跟踪与识别、精确制导、现代测绘地理中的应用，最后在简要分析美俄典型航天系统的基础上，提出有关设想和展望。

　　本书编写过程中，得到了李学军教授以及相关团队的大力指导和帮助，得到了航天工程大学领导和机关的全力支持；编写内容涉及多门学科，限于作者水平和时间精力，难免存在不妥和错误之处，恳请广大同行、读者批评指正。

作　者

2021 年 1 月于北京

目　录

第1章　航天遥感与影像处理技术

1.1　遥感概述

随着航天技术、计算机技术、传感器技术、3S（RS、GPS、GIS）等技术的飞速发展，高分辨率、高清晰度、信息丰富的遥感影像已成为人类获取空间信息的重要数据源，一些技术强国为了获取遥感信息在军事和工业中的独立性和优势，竞相开展太空监视、成像观测、卫星发射与测控、光学成像、数据处理等技术的研发工作，从传统胶片模拟成像到高速的数字成像，从航拍到航天遥感，从对地球环境和资源的探测到对月球的探索，甚至扩展到火星，逐步加大科研和试验的力度，加快数据的采集和更新周期，不断扩大其在军事和工业应用中的优势。

1.1.1　航天遥感

遥感（Remote Sensing）是通过航空器、航天器、地面设备等上面的遥感探测仪器，获取宇宙空间、大气、海洋、地表等信息的一门科学，是对地观测的最重要手段之一。遥感的作用是远距离获得客观世界（实体，即目标、区域和现象）的有关信息，遥感的基础是电磁波与实体相互作用，使其载有实体的信息；获取载有实体信息的电磁波并进行处理，得到含有实体信息的遥感数据；通过遥感信息模型反演出实体所包含的信息。一般情况下，将紫外遥感、红外遥感、可见光遥感并称为光学遥感，其主要发展方向是设计高信噪比、高分辨率、大视场、高传递函数的光学系统。

遥感技术最先是从军事上发展起来的，现在军事部门有许多技术方法和仪器设备仍处在领先地位。早在第二次世界大战期间，英国利用红外彩色航空摄影，探出了德国在法阿拉斯北部的 V-1 武器制造基地，而此前曾用黑白航空摄影进行过两个星期的重点侦察，均未发现目标。20 世纪 60 年代，遥感主要利用胶片和摄像系统，通过卫星和飞船等方式进入太空获取信息，这标志着航天遥感时代的开始。随着电荷耦合器件 CCD（Charge Coupled Device）的发明，集成电路技术、计算机技术的发展以及设计工艺的不断完善，空间光学遥感逐渐步入 CCD 时代，航天遥感平台的可靠性、遥感技术水平得到提高，标志着航天遥感技术开始进入大规模发展时期。

航天遥感技术，在空间站、人造卫星及其他航天器上使用遥感器对地面景物所辐射和反射的电磁波信息进行收集、处理和成像，从而对地面景物的特征和性质进行探测和识别。与地面遥感、航空遥感相比，航天遥感具有观测范围较大、区域可重复、空间信息实时多样性、维护成本低、运行时间长等特点。航天遥感技术飞速发展，以分辨率、光谱波段、观测范围等为标志的遥感器观测能力不断提高，成为人类重要的信息获取方式，无论在军事领域还是在民用领域，都受到极大的关注。例如，美国商业卫星 Ikonos、Worldview、GeoEye，NASA 的 Landsat、QuickBird 卫星，欧空局的 ENVISAT 卫星等，分辨率可达米级。随着传感技术的快速发展，其带来的信息量、数据量、复杂程度都将是空前的。

1.1.2　遥感影像匹配技术

影像匹配，就是通过对影像内容、特征、结构、关系、纹理及灰度等的对应关系，相似性和一致性分析，寻求相同影像目标的方法，通常表现为通过一定的匹配算法在两幅或多幅影像之间识别同名点的过程。匹配技术是摄影测量、计算机视觉、模式识别、三维重建等领域中的热点和难点问题，广泛地应用于高精度制导、全景图的生成、相机标定、图像配准和镶嵌、图像检索等多个领域，也可为数字地球、数字月球、战场环境的建设提供保障。

影像匹配通常包括的要素有：特征提取、特征描述、搜索空间和控制策略、相似性度量和误匹配处理等。特征的类型通常包括点特征、边缘或线特征、轮廓特征、颜色特征、纹理特征、矩特征、扩展特征、混合特征等，良好的特征应具有性能稳定、重现率高、计算效率高、定位精度高、抗噪声能力强、易于检测等特点；特征的描述，就是对特征点或邻域的信息进行一定方式的描述，使其具有较强的描述能力和区分能力；匹配的搜索与控制策略就是特征匹配时的约束条件，即依靠什么样的规则进行特征匹配，在什么范围进行匹配，这对于高分辨率大尺寸（像素尺寸，下同）影像尤为关键；相似性度量，指特征间相似程度的度量方法，不同的度量方法，效果和性能不同，良好的相似性度量应该力求相同特征间的距离尽可能小，不同特征间的距离尽可能大，并且方便计算；误匹配处理，就是通过一些方法去掉匹配过程中一些不可靠或错误匹配点，它是工程应用和自动化处理的重要环节之一。各种匹配算法，在原理和流程上各有差异，通常的分类方法有[1,2]：根据匹配过程中是否有人工干预，分为人工的方法、半自动的方法和自动的方法；根据匹配过程中利用信息量的多少，分为局部的方法和全局的方法；根据参考图像和待匹配图像的成像模式，分为单模的方法和多模的方法；根据匹配过程中利用的图像信息，分为基于灰度的方法和基于特征的方法；根据匹配的类型和步骤，分为点模式匹配和基于特征的匹配方法等。

遥感影像匹配技术的发展与相机成像、影像处理、匹配算法、计算机处理及显示等技术密切相关。其中，遥感影像成像方式经历了框幅式胶片摄影、数码摄影等发展阶段；取景方式由定点拍摄向推扫式成像、视频观测发展；成像方法由透视中心投影、平行投影向距离选通成像、三维全息摄影等方向发展，相机的发展逐步向高信噪比、高分辨率、大视场、高传递函数发展。遥感影像匹配与处理手段，经历了人工判读、人工交互和半自动处理、自动处理的时代变迁；匹配算法也经过了灰度匹配、特征匹配、基于图像理解和图像解释的匹配、整个重叠区域视察估计的稠密匹配等阶段，在匹配精度、正确率和速度上正在不断提高。尤其对于特征匹配，从早期的特征点检测和抗旋转特性，发展到特征的尺度空间分析，并实现了一定程度视角变化的适应性，而仿射协变区域、特征不变量和特征区域的引入，将点特征延伸到点状区域特征，给点特征赋予了尺度和拓扑形状，并通过各种变换域和描述方法逐步提高描述子的匹配性能。概括起来，遥感影像匹配技术经过了如下几个阶段：

第一阶段，胶片成像、框标点和控制点人工辅助搜索、人工相关匹配、量测、处理阶段。初期，遥感影像的获取方式与成像技术比较落后，成像清晰程度、成像质量与物理分辨率成为核心问题。在获取胶片影像后，主要采用人工判读与识别的方法进行匹配。随着对成像模型的不断研究，逐渐出现了一些利用机器辅助的影像校正、匹配，也逐渐形成了遥感影像处理的预处理、校正、匹配、拼接等几个阶段的处理方法。

第二阶段，数字影像、半自动处理和人工交互结合处理阶段。该阶段，一些胶片影像通过扫描等方式，转化为数字影像。随着数码相机的发展与分辨率的不断提高，数字影像逐步占领了影像的数据源。此时，一些标识点检测、框标点自动识别等技术逐步趋于成熟，在人工辅助下，出现了自动特征点提取、自动匹配、自动平差与三维建模等技术，处理过程中，为了获取更加理想的效果，很多软件中包含了人工编辑和手工交互。按照一整套的处理流程，可以逐步完成匹配与处理。然而，影像匹配与处理的周期仍然较长，处理效率仍然很低，批量的遥感影像得不到及时处理，应用领域也十分有限。

第三阶段，空间位姿信息支持下，海量数字影像、自动处理和少量人工交互处理阶段。成像技术日趋发达，海量高分辨率遥感影像成为主要数据源，成像平台位姿参数等辅助数据给影像的自动匹配带来极大便利。同时，影像匹配技术伴随着计算机、摄影测量技术、遥感技术、机器视觉等技术的飞速发展，得到了巨大的提升，算法的功能和适用性不断提高，能够逐步实现少量人工交互下的自动匹配与处理。尤其是不同视角的图像序列和高分辨率视频观测数据，逐步作为并行化处理的数据源，一些区域的遥感影像能够基本实现全自动处理，例如自动校正、自动匹配、自动拼接、数字正射影像自动生成、数字高程影像自动生成、数字地表模型自动重建等。其中，影像处理的流程规范也日趋自动化。然而，由于受到成像质量、视角差异、多模态差异等因素影响，处理系统中仍需一定的人工交互。

1.1.3　卫星轨道与天基遥感平台

遥感系统通常包括遥感器、遥感平台、信息传输和信息处理设备等。遥感平台通常分为移动的、固定的，以及航天的、航空的、陆上的、海上的。通常，地面平台高度小于 100 m、航空平台在 100 m～100 km 之间、航天平台一般大于 240 km，如航天飞机和卫星。遥感图像分辨率初始时较低，现在正逐步提高，由第一代的 3～6 m，到第四代侦察卫星等的 0.3 m，现正向全天候、高分辨率实时传输发展。近年来，高分辨率卫星遥感给对地观测带来了极大便利。

1.1.3.1　开普勒天体运行定律及扩展

本部分重点介绍面积速度问题、卫星的轨道与形状、活力公式与圆轨道下的卫星速度和周期、开普勒方程与卫星轨迹、开普勒定律与多体运动[①]。

（1）面积速度问题

由万有引力定律可知

$$\ddot{\boldsymbol{r}} = -\frac{GM_{\oplus}}{r^3}\boldsymbol{r} \tag{1-1}$$

即，卫星加速度 $\ddot{\boldsymbol{r}}$ 的大小与卫星到地球的距离 r 的平方成反比，$-\dfrac{\boldsymbol{r}}{r}$ 表示从卫星指向地心的单位矢量，地心是坐标系原点。G 为万有引力常量，$M_{\oplus}$ 为地球质量。

对式（1-1）两边叉乘位置矢量 $\boldsymbol{r}$，即

$$\boldsymbol{r} \times \ddot{\boldsymbol{r}} = -\frac{GM_{\oplus}}{r^3}(\boldsymbol{r} \times \boldsymbol{r}) = 0 \tag{1-2}$$

故

$$\frac{\mathrm{d}}{\mathrm{d}t}(\boldsymbol{r} \times \dot{\boldsymbol{r}}) = \boldsymbol{r} \times \ddot{\boldsymbol{r}} + \dot{\boldsymbol{r}} \times \dot{\boldsymbol{r}} = 0 \tag{1-3}$$

因此，$\boldsymbol{r} \times \dot{\boldsymbol{r}} = \boldsymbol{h} = \mathrm{const}$，$\boldsymbol{h}$ 为单位质量的角动量，不难得出

$$\Delta A = \frac{1}{2}|\boldsymbol{r} \times \dot{\boldsymbol{r}}\Delta t| = \frac{1}{2}|\boldsymbol{h}|\Delta t \tag{1-4}$$

即单位时间扫过的面积相等（开普勒第二定律）。

（2）卫星的轨道与形状

如果对式（1-1）两边叉乘 $\boldsymbol{h}$，可得

$$\begin{aligned}
\boldsymbol{h} \times \ddot{\boldsymbol{r}} &= -\frac{GM_{\oplus}}{r^3}(\boldsymbol{h} \times \boldsymbol{r}) \\
&= -\frac{GM_{\oplus}}{r^3}[(\boldsymbol{r} \times \dot{\boldsymbol{r}}) \times \boldsymbol{r}] \\
&= -\frac{GM_{\oplus}}{r^3}[\dot{\boldsymbol{r}}(\boldsymbol{r} \cdot \boldsymbol{r}) - \boldsymbol{r}(\boldsymbol{r} \cdot \dot{\boldsymbol{r}})] \\
&= -GM_{\oplus}\frac{\mathrm{d}}{\mathrm{d}t}\left(\frac{\boldsymbol{r}}{r}\right)
\end{aligned} \tag{1-5}$$

两边同时对时间积分，得到

$$\boldsymbol{h} \times \dot{\boldsymbol{r}} = -GM_{\oplus}\left(\frac{\boldsymbol{r}}{r}\right) - A \tag{1-6}$$

A 为积分常量，由初始位置和速度决定。对上式两边点乘 $\boldsymbol{r}$，即

$$(\boldsymbol{h} \times \dot{\boldsymbol{r}}) \cdot \boldsymbol{r} = -GM_{\oplus}r - A \cdot \boldsymbol{r} \tag{1-7}$$

引入真近点角 ν 作为 A 和 $\boldsymbol{r}$ 的夹角，得

$$h^2 = GM_{\oplus}r + Ar\cos\nu \tag{1-8}$$

---

① 门斯布吕克，吉尔. 卫星轨道：模型、方法和应用 [M]. 王家松，祝开建，胡小工，译. 北京：国防工业出版社，2012.

记 $p = \dfrac{h^2}{GM_\oplus}$，$e = \dfrac{A}{GM_\oplus}$，则

$$r = \frac{p}{1 + e\cos\nu} \tag{1-9}$$

上式将卫星的距离与卫星位置矢量和参考方向夹角联系在一起，从而确定了卫星在轨道平面上的轨迹。轨道上的最大值和最小值的连线成为拱线，距离最大值和最小值的均值即为半长轴 a

$$a = \frac{1}{2}(r_{\min} + r_{\max}) = \frac{1}{2}\left(\frac{p}{1+e} + \frac{p}{1-e}\right) = \frac{p}{1-e^2} \tag{1-10}$$

如图 1-1 所示，e 通常为离心率；参数 p 为半通径，表示从地心出发沿拱线垂直方向与轨道相交线段的距离。

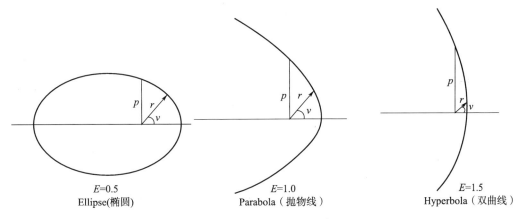

E=0.5　　　　　　　E=1.0　　　　　　　E=1.5
Ellipse(椭圆)　　　Parabola（抛物线）　　Hyperbola（双曲线）

图 1-1　卫星轨道与离心率

（3）活力公式与圆轨道下的卫星速度和周期

特别地，对式（1-6）两边平方，结合式（1-9），代入半长轴 a，考虑到卫星速度 $v = |\dot{r}|$，可得活力公式，即

$$v^2 = GM_\oplus\left(\frac{2}{r} - \frac{1}{a}\right) \tag{1-11}$$

活力公式等价于能量定律，总能量等于动能和势能之和

$$E_{\text{tot}} = \frac{1}{2}mv^2 - \frac{GmM_\oplus}{r} = -\frac{1}{2}\frac{GmM_\oplus}{a} \tag{1-12}$$

对于圆轨道

$$v_{\text{cir}} = \sqrt{\frac{GM_\oplus}{a}} \tag{1-13}$$

相应的

$$T_{\text{cir}} = \frac{2\pi a}{v} = 2\pi\sqrt{\frac{a^3}{GM_\oplus}} \tag{1-14}$$

不难得到，卫星的最大速度和最小速度分别处于近地点和远地点

$$\begin{cases} v_{\text{Perigee}} = \sqrt{\dfrac{GM_\oplus}{a}}\sqrt{\dfrac{1+e}{1-e}} \\[4mm] v_{\text{Apogee}} = \sqrt{\dfrac{GM_\oplus}{a}}\sqrt{\dfrac{1-e}{1+e}} \end{cases} \tag{1-15}$$

（4）开普勒方程与卫星轨迹

如图 1-2 所示，引入辅助变量偏近点角 E，令 $(\hat{x}，\hat{y})$ 表示卫星在轨道面上相对于地心的位置，则不难得到

$$\begin{cases} \hat{x} = r\cos\nu \hat{=} a(\cos E - e) \\ \hat{y} = r\sin\nu \hat{=} a\sqrt{1-e^2}\sin E \end{cases} \tag{1-16}$$

也即

$$r = a(1 - e\cos E) \tag{1-17}$$

可以将面积速度 $h = |\boldsymbol{h}|$ 表示为 E 的函数，也即

$$\begin{aligned} h &= \dot{\hat{x}} \cdot \hat{y} - \dot{\hat{y}} \cdot \hat{x} \\ &= a(\cos E - e) \cdot a\sqrt{1-e^2}\cos(E)\dot{E} + a\sqrt{1-e^2}\sin(E) \cdot a\sin(E)\dot{E} \\ &= a^2\sqrt{1-e^2}\dot{E}(1 - e\cos E) \end{aligned} \tag{1-18}$$

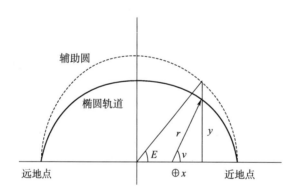

图 1-2 椭圆轨道与辅助变量偏近点角 E

通过结合式（1-10）可得 $h = \sqrt{GM_\oplus a(1-e^2)}$，代入上式，可得偏近点角 E 的微分方程，即

$$(1 - e\cos E)\dot{E} = n = \sqrt{\dfrac{GM_\oplus}{a^3}} \tag{1-19}$$

对上式进行时间积分，从而得到开普勒方程

$$E(t) - a\sin E(t) = n(t - t_p) \tag{1-20}$$

记 $M = n(t - t_p)$ 为平近点角，一周均匀变换 360 度。

由于轨道周期为平近点角变化 360 度的时间，可得

$$T = \frac{2\pi}{n} = 2\pi \sqrt{\frac{a^3}{GM_\oplus}} \tag{1-21}$$

这与圆轨道下的轨道周期相一致。

（5）开普勒定律与多体运动

如上公式的表达，反映了行星运动的三大定律[3]，同样适用于二体运动，在天体运行体系中，自然带来了多体运动与摄动问题。

①开普勒定律

德国天文学家开普勒仔细地分析了丹麦天文学家第谷多年的观测资料，在研究火星绕太阳运动的基础上，在 1609 年和 1619 年先后发表描述行星运动的三大定律。

1）开普勒第一定律：行星绕太阳运动时，其运动轨道是一个椭圆，太阳位于椭圆的一个焦点上。这个轨道通常称为开普勒椭圆轨道。

2）开普勒第二定律：在相同时间内，行星和太阳的连线扫过的面积相同。

3）开普勒第三定律：行星绕太阳运行时，其周期的平方与它们的轨道椭圆半长轴的立方成正比。

开普勒定律直观地描述了行星绕太阳运行的规律，也为牛顿后来发现万有引力定律奠定了基础，在万有引力作用下的物体运动都满足开普勒三大定律。由于航天器（卫星、飞船等）相对于地球或其他行星、恒星的太空运动类似于行星的运动，所以，航天器的运动也基本上符合开普勒三大定律。因此，开普勒定律对天体运动和航天器运动规律的研究和技术发展起到了重要作用。

②二体运动

具有相互引力的物体在其相互间引力作用下的运动称为二体运动。假设两个物体为质点时在相互之间引力作用下的运动为二体运动，此时可以根据牛顿万有引力定律研究两个质点之间运动规律的问题，这样的问题称为二体问题。它是研究天体（包括人造天体）运动理论的第一近似，也是进一步研究天体精确运动理论的基础。

在航天领域中，二体问题就是研究卫星、飞船等航天器（视为质点）围绕地球（视为均匀的圆球）的运动规律。假定地球是一个均匀圆球体，把航天器看做一个质点，则它绕地球的运动可视为二体运动。地球对航天器的引力与航天器到地心距离的平方成反比，此引力称为中心引力，亦称二体引力。根据开普勒定律，此时，航天器绕地球运行的轨道是一个开普勒椭圆。

③多体运动和摄动

在天体运动中，一个天体绕任何另一个天体运动的过程中，还要受到别的天体吸引或其他因素的影响，使其运动轨道发生渐变。因此，研究多个质点相互之间在万有引力作用下运动规律的问题称为多体问题。多体问题是对天体运动规律的精确研究。

在航天器绕地球运行时，它不是简单的二体运动。首先地球不是均匀圆球，它是一个不规则的近似椭圆球体，所以航天器运行受到地球引力场（受地球形状和质量非均匀的影响，还有大气阻力随地球的不同表面、不同高度、不同时间而变化）的影响；除此之外，还有其他天体的作用，日、月引力，太阳辐射压力和潮汐力等影响。

　　由于这些力的影响，使航天器的运动轨道发生渐变，成为一条既不在一个平面上，也不封闭的复杂曲线，这种变化现象称为摄动。这些引起航天器运动轨道发生渐变的摄动力小于地球中心引力的 1/1 000。

　　因此，航天器的实际运行轨道是一个近似的开普勒椭圆轨道，只是随着时间的推移，其椭圆轨道的大小和形状是不断变化的，空间的定向也是不断变化的。

1.1.3.2　卫星轨道

　　这里简要介绍卫星轨道的参数[①]及其求解。

　　（1）卫星轨道与卫星位置、速度

　　引入指向近地点的单位矢量 $\boldsymbol{P} = \boldsymbol{A}/|\boldsymbol{A}|$ 和与之垂直的单位矢量 $\boldsymbol{Q}$（相应的真近点角 $\nu = 90°$），可以一般地表示卫星位置

$$\boldsymbol{r} = \hat{x}\boldsymbol{P} + \hat{y}\boldsymbol{Q} = a(\cos E - e)\boldsymbol{P} + a\sqrt{1-e^2}\sin E\boldsymbol{Q} \qquad (1-22)$$

对上式求导，并结合式（1-17）和式（1-19）注意到 $a\dot{E} = \sqrt{GM_\oplus a}/r$，可以表示卫星的速度为

$$\dot{\boldsymbol{r}} = \frac{\sqrt{GM_\oplus a}}{r}(-\sin E\boldsymbol{P} + \sqrt{1-e^2}\cos E\boldsymbol{Q}) \qquad (1-23)$$

　　描述卫星轨道最常见的坐标系为地心赤道坐标系，它与地球自转轴和赤道方向对齐。原点是地心，Z 轴指向北极，赤道平面构成了 $x-y$ 参考平面。x 轴指向春分点 γ，γ 即地球在春分时刻指向太阳的方向，或者是赤道平面与黄道平面的交点，如图 1-3 所示。

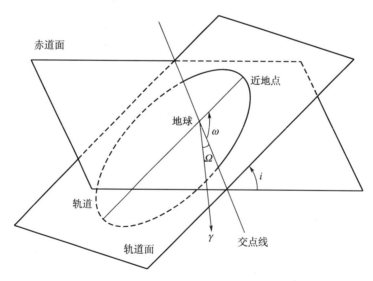

图 1-3　卫星的轨道参数 i，Ω，ω

---

① 门斯布吕克，吉尔. 卫星轨道：模型、方法和应用 [M]. 王家松，祝开建，胡小工，译. 北京：国防工业出版社，2012.

卫星的位姿参数通常包括卫星的位置和空间姿态信息，以地球为例，卫星轨道的六个轨道参数[4]分别为：

1）升交点赤经 Ω，Ω 为卫星轨道的升交点与春分点之间的角距；

2）近地点角距 ω，ω 是指卫星轨道的近地点与升交点之间的角距；

3）轨道倾角 i，i 是指卫星轨道面与赤道面之间的两面角，倾角大于 90 度意味着卫星为逆行轨道，其绕地球的方向与地球自转方向相反；

4）卫星轨道的半长轴 a，a 为卫星轨道远地点到椭圆轨道中心的距离；

5）卫星轨道的偏心率（或称扁率）e；

6）卫星过近地点时刻 T。

a 和 e 确定了轨道的形状，T 确定了卫星沿轨道的位置，其他三个参数 i，Ω，ω 确定了轨道在空间的定向，通过如上 6 个参数，可以唯一确定卫星位置和速度矢量。

（2）卫星轨道参数的求解

当给定初始位置 r 和速度 v，总有一组轨道参数与之对应。在前面求解二体问题时，可知面积速度矢量 $\boldsymbol{h}$

$$\boldsymbol{h} = \boldsymbol{r} \times \dot{\boldsymbol{r}} = \begin{bmatrix} y\dot{z} - z\dot{y} \\ z\dot{x} - x\dot{z} \\ x\dot{y} - y\dot{x} \end{bmatrix} \tag{1-24}$$

在由单位矢量 $\boldsymbol{P}$、$\boldsymbol{Q}$ 和 $\boldsymbol{W} = \boldsymbol{h}/|\boldsymbol{h}|$ 定义的轨道平面坐标系中，卫星坐标可表示为

$$\begin{bmatrix} x \\ y \\ z \end{bmatrix} = R_z(-\Omega)R_x(-i)R_z(-\omega)r\begin{bmatrix} \cos\upsilon \\ \sin\upsilon \\ 0 \end{bmatrix} \tag{1-25}$$

其中，υ 为真近地点角，令纬度辐角 $u = \omega + \upsilon$，则

$$\begin{bmatrix} x \\ y \\ z \end{bmatrix} = r\begin{bmatrix} \cos u\cos\Omega - \sin u\cos i\sin\Omega \\ \cos u\sin\Omega + \sin u\cos i\cos\Omega \\ \sin u\sin i \end{bmatrix} \tag{1-26}$$

轨道平面坐标系中三轴分别可表示为

$$\begin{cases} \boldsymbol{P} = \begin{bmatrix} \cos\omega\cos\Omega - \sin\omega\cos i\sin\Omega \\ \cos\omega\sin\Omega + \sin\omega\cos i\cos\Omega \\ \sin\omega\sin i \end{bmatrix} \\ \boldsymbol{Q} = \begin{bmatrix} -\sin\omega\cos\Omega - \cos\omega\cos i\sin\Omega \\ -\sin\omega\sin\Omega + \cos\omega\cos i\cos\Omega \\ \cos\omega\sin i \end{bmatrix} \\ \boldsymbol{W} = \begin{bmatrix} \sin i\sin\Omega \\ -\sin i\cos\Omega \\ \cos i \end{bmatrix} \end{cases} \tag{1-27}$$

考虑到 $\boldsymbol{W} = \boldsymbol{h}/|\boldsymbol{h}|$，不难得到

$$\begin{cases} i = \arctan\left(\dfrac{\sqrt{\boldsymbol{W}_x^2 + \boldsymbol{W}_y^2}}{\boldsymbol{W}_z}\right) \\ \Omega = \arctan\left(-\dfrac{\boldsymbol{W}_x}{\boldsymbol{W}_y}\right) \end{cases} \tag{1-28}$$

面积速度可导出半通径

$$p = \frac{h^2}{GM_\oplus} \tag{1-29}$$

由活力公示可导出半长轴

$$a = \left(\frac{2}{r} - \frac{v^2}{GM_\oplus}\right)^{-1} \tag{1-30}$$

平均角速度为

$$n = \sqrt{\frac{GM_\oplus}{a^3}} \tag{1-31}$$

对于椭圆轨道来讲，半长轴始终为正值，偏心率 e 可表示为

$$e = \sqrt{1 - \frac{p}{a}} \tag{1-32}$$

考虑到 $r = a(1 - e\cos E)$，以及下面的恒等式

$$\boldsymbol{r} \cdot \dot{\boldsymbol{r}} = a^2 n e \sin(E) \tag{1-33}$$

可以求解 $e\sin(E)$ 和 $e\cos(E)$，得到偏近地点 E

$$E = \arctan\left[\frac{\boldsymbol{r} \cdot \dot{\boldsymbol{r}}}{a^2 n(1 - r/a)}\right] \tag{1-34}$$

根据开普勒方程可解平近点角

$$M(t) = E(t) - e\sin E(t) \, (\text{rad}) \tag{1-35}$$

不难得到

$$u = \arctan\left(\frac{z}{-x\boldsymbol{W}_y + y\boldsymbol{W}_x}\right) \tag{1-36}$$

$$\upsilon = \arctan\left(\frac{\sqrt{1-e^2}\sin E}{\cos E - e}\right) \tag{1-37}$$

进而得到近地点角距

$$\omega = u - \upsilon \tag{1-38}$$

1.1.3.3　轨道的基本性质与卫星星座

这里介绍常见的卫星轨道，以及轨道特点。

（1）常见的卫星轨道[①]

1）地球同步轨道。以地球自转的速度绕着地球旋转——他们与地球的旋转同步。对于赤道上的观测者而言，卫星在距观测者 35 405 km 的上空低速盘旋，但事实上紧跟着地

---

① 门斯布吕克，吉尔. 卫星轨道：模型、方法和应用 [M]. 王家松，祝开建，胡小工，译. 北京：国防工业出版社，2012.

球快速运动。地球同步轨道能够对特定区域进行持续观测（大约覆盖地球面积的 1/3），可随时拍照和进行全球通信，在接近两极地区会出现意外，不能在高纬度（大约 75 度）地区进行通信，因为超出了卫星的视线。

2）太阳同步轨道。摄动力随时间的积累将改变轨道，任务规划者可以趋利避害。由于赤道的横截面积比两极地区宽 44 km，会产生摄动改变轨道平面。结合该摄动精心选择轨道倾角，卫星轨道面以每天 1 度的速度向东漂移。结果是卫星经过每一特定点的太阳角相同，因而光照条件不变。此类轨道特别适合对不变观测条件要求严格的侦察和气象应用卫星。

3）大椭圆轨道。此类轨道靠近地球时速度很快，远离地球时速度很慢，在大部分远离地球的位置超过 25 000 km，在这些点卫星会滞留很长时间。此类轨道是倾斜的，以保证长时间停留在高纬度地区，正好满足高纬度地区的覆盖要求。例如前期的"莫利亚"轨道，倾角 53.4 度，近地点在南半球，以便 12 小时的周期里有 11 小时停留在北半球。三颗莫利亚轨道卫星可提供北部地区的不间断覆盖。

具有所有功能的卫星是不存在的，即使为特定的任务量身定做的卫星也可能完成不了任务所需的覆盖，在这种情形下，星座被用来提供全面覆盖和及时满足任务的需要。

（2）轨道特点[1]

1）重力控制。由于地球重力的作用，绕地球飞行的卫星处于向地心下落的持续状态中，与此同时，卫星沿着切线方向飞速向前飞行。平均来说，地球表面曲线沿着水平线方向每行进 8 km 就下降 5 m。同理，绕着地球作圆周运动的低轨卫星，每飞行 8 km 就向地心下落 5 m。地表弯曲的速度正比于卫星的下降速度。

除去外界作用力的影响，卫星的轨道是固定的。这就是说，重力是主要作用力，源于角动量的控制，轨道必绕经地心。卫星没有很强的机动能力，改变轨道的大小或倾角，需要消耗推进剂，可能缩短卫星的寿命。

2）"摄动"能够改变轨道。某些外力可能改变轨道的参数，会出现有违"轨道在空间固定不变"的一般准则，这些力被称为摄动力，因为它们干扰和改变轨道。这些力包括大气阻力、地球重力场变化、太阳引力、太阳光压、太阳辐射与电磁场相互作用等情况，这些摄动因素对行动规划有着重要影响。尽管如此，如果卫星上几个点的位置是已知的，应用物理学相关轨道预报规律，可以计算出卫星的未来位置。然而，轨道的摄动会影响模型的精确性，一般地，轨道越低，模型给出准确预报的时间间隔就越短，对最新预报数据的需求也越大。

3）重访时间。即卫星对同一地点连续进行两次访问的时间间隔，这由卫星的轨道尺寸和周期决定。轨道半径越大，周期越长。例如典型的低轨卫星周期平均来说有 90 分钟到几小时不等。当卫星运行一圈以后，他的星下点有略微的移动。重访时间可能是十几天，也可能会更短。

① 李智，张占月. 美军空间作战条令 [M]. 北京：国防工业出版社，2011.

4）观测窗口。指卫星对某一固定点持续观测的时间。除了地球同步轨道卫星和大椭圆轨道卫星，大多数卫星不能在固定点停留更长时间。离地球越近，运行速度越快，卫星的视野越小。低轨卫星对某一固定点保持传感接触或通信仅有 10 到 15 分钟。观测时间和视野将随着高度的增加而相应增加。

1.1.4　航天遥感及应用

航天遥感的任务概括来讲包括对地观测、天文观测、深空探测等。

1）对地观测。对地观测是航天遥感的主要任务，是指对地球的观测，包括对地球大气圈、水圈、岩石圈和生态圈的观测，也可以概括为对大气、水域和陆地的观测，以及军事应用等。军事应用涉及侦察、预警、测地、空间目标监视和战场环境监视等。

2）天文观测。利用航天遥感进行天文观测是通过天文卫星实现的。通过 γ 射线等的电磁波，实现对宇宙天体和其他空间物质的观测。

3）深空探测。利用航天遥感进行深空探测是通过深空探测器实现的。深空探测器是飞经、环绕、硬着陆或软着陆在天体（指月球和月球以远的天体）上，主要是利用遥感手段对天体进行观测的。

基于影像的三维建模是最经济、灵活、易行和广泛使用的方法，是生成三维几何表面、物体结构、精确地形和城市建模的基础。其中，通过影像匹配和三维空间解算等环节，进而形成空间三维点云，再加上纹理映射等技术，能够形成三维地物地貌（DSM）。例如基于嫦娥一号影像的三维数字月球的部分制作过程[5,6]，如图 1-4 所示。

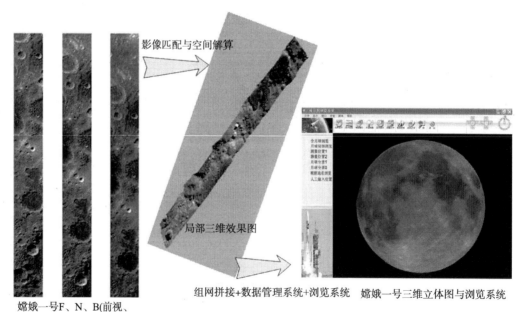

嫦娥一号F、N、B(前视、正视、后视)图片段　　　影像匹配与空间解算　　局部三维效果图　　组网拼接+数据管理系统+浏览系统　　嫦娥一号三维立体图与浏览系统

图 1-4　嫦娥一号三维月图制作过程示意图（见彩插）

当前，遥感领域面临的突出问题是，海量遥感影像不能及时高效处理，而特定有用信息的提取与利用又显得非常困难，症结很大程度上在高分辨率遥感影像的自动匹配与快速处理上，主要体现在以下两方面。

1）新的成像方式引起遥感影像匹配处理难度的增加。在海量的多时相不同景物特征、多模态不同分辨率以及多种成像方式下的高分辨率遥感影像数据，伴随着成像视角与成像条件的差异、影像的变形与扭曲，以及遥感成像平台的不同稳定性，给遥感影像的自动化处理与匹配带来巨大冲击，对匹配的整体精度、全局一致性、自动化程度和处理速度带来巨大挑战。

2）遥感影像处理系统中匹配算法的功能与适应性和高效、急切的应用需求之间还存在较大差距。目前，一些类型的匹配技术和算法取得了较大进展，但解决能力仍然有限。

1.2　卫星成像模型及主要特点

1.2.1　框幅式相机成像模型

相机的成像过程是三维空间到二维平面的投影，通常称透视。当投影射线交于一点时称为中心投影，交点称为投影中心；当投影射线平行时，称为平行投影。通常，框幅式摄影测量相机可以用一个中心投影模型近似。

（1）框幅式相机小孔成像模型[7]与坐标系

通常，三维景物在相机中成倒立实像，在摄影测量中，可等效如图 1-5 所示。

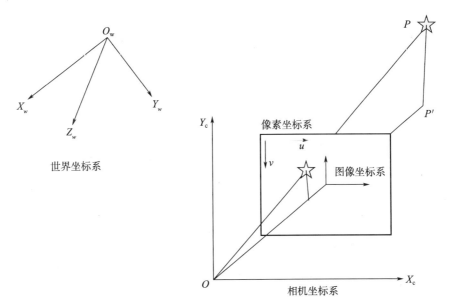

图 1-5　框幅式相机成像模型和坐标系示意图

设 (x_w, y_w, z_w) 是世界坐标系中某点 P 的三维坐标，(x_c, y_c, z_c) 是点 P 在相机坐标系中的三维坐标，主距 f 表示相平面与光学中心 O 的距离，(x, y) 是点 P 的图像坐标，$(u，v)$ 是对应像素坐标。

则其投影方程为

$$z_c \begin{bmatrix} u \\ v \\ 1 \end{bmatrix} = \begin{bmatrix} \alpha_x & \gamma & u_0 & 0 \\ 0 & \alpha_y & v_0 & 0 \\ 0 & 0 & 1 & 0 \end{bmatrix} \begin{bmatrix} R & t \\ 0^T & 1 \end{bmatrix} \begin{bmatrix} x_w \\ y_w \\ z_w \\ 1 \end{bmatrix} = \boldsymbol{K} \boldsymbol{M}_1 \boldsymbol{X}_w = \boldsymbol{M} \boldsymbol{X}_w \qquad (1-39)$$

其中 $\alpha_x = f/d_X$、$\alpha_y = f/d_Y$ 分别为 u 轴和 v 轴上的尺度因子；$\boldsymbol{M}$ 为 3×3 矩阵，称为投影矩阵；$\boldsymbol{K}$ 完全由 α_x、α_y、u_0、v_0、γ 决定，且只与相机内部结构有关，故称为相机内参数；$\boldsymbol{M}_1$ 完全由相机的方位决定，故称为相机外参数。确定相机内参数和相机外参数的过程，即为相机标定。另外，由于光学误差，镜头常有一定的畸变，一些典型的标定方法和畸变校正方法参见文献 [8，9]。

成像过程中，常用的四个坐标系分别为：

1）世界坐标系 $O_w - X_w Y_w Z_w$，用以描述相机的位置和三维景物中任何物体的位置。

2）相机坐标系 $O_c - X_c Y_c Z_c$，即以相机的光心 O 为坐标原点，X_c 轴、Y_c 轴分别平行于像平面的两条垂直边，Z_c 轴与相机的光轴重合。

3）图像坐标系 $O - XY$，坐标原点在相平面的中心，X 轴、Y 轴分别为平行于像平面的两条垂直边，以物理单位表示。

4）像素坐标系 $O - uv$，类似图像坐标系，$(u，v)$ 表示 $M \times N$ 维数字图像中的列数与行数。

由投影方程可知，同一点（或区域）在不同位置和姿态（位姿）下的成像满足

$$\begin{cases} \begin{bmatrix} u_1 & v_1 & 1 \end{bmatrix}^T = \boldsymbol{K} \begin{bmatrix} R_1 & t_1 \\ 0^T & 1 \end{bmatrix} \begin{bmatrix} x_w & y_w & z_w & 1 \end{bmatrix}^T \\ \begin{bmatrix} u_2 & v_2 & 1 \end{bmatrix}^T = \boldsymbol{K} \begin{bmatrix} R_2 & t_2 \\ 0^T & 1 \end{bmatrix} \begin{bmatrix} x_w & y_w & z_w & 1 \end{bmatrix}^T \end{cases} \qquad (1-40)$$

在相对定向的基础上，可由同名点，即 $(u_1，v_1)$ 和 $(u_2，v_2)$，解算该点对应的空间坐标 $(x_w，y_w，z_w)$，通过多组同名点便可实现区域的三维重建。

框幅式摄影测量相机通常可以用一个中心投影模型近似，它是局部高精度三维重建的基础。基高比（B/H）越大，则解算精度越高，但基线越长，则影像差异越大，增加了匹配的难度。

当图像按照一定时间间隔进行连续拍摄时，便形成视频观测影像，例如美国莫尔纹项目（MOIRE，Membrane Optic Imager Real - Time Exploitation）、欧洲静止轨道空间监视系统卫星［法国阿斯特里姆（Astrium）公司 GO - 3S 卫星］、美国天空系列卫星（Skysat 系列）等。

（2）中心投影与齐次坐标

在相机坐标系中，设像平面为 $Z = f$，则三维空间中的点 $P'(X，Y，Z)$ 与其像点 $(x，y)$ 的关系为[10]

$$\begin{cases} x = fX/Z \\ y = fY/Z \end{cases} \tag{1-41}$$

由于中心投影是多对一的映射，在同一条射线上的不同目标具有相同的像点。

定义三维空间中的点 $Q(X, Y, Z)^{\mathrm{T}}$ 的齐次坐标为 $\tilde{Q}(wX, wY, wZ, w)^{\mathrm{T}}$ ，w 为任意常数，为使变换式可逆，将坐标系 $O - XYZ$ 的原点移至像点的平面处，若令像点的齐次坐标为 (x_1, x_2, x_3, x_4) ，则透视变换关系为

$$\begin{bmatrix} x_1 \\ x_2 \\ x_3 \\ x_4 \end{bmatrix} = \begin{bmatrix} 1 & 0 & 0 & 0 \\ 0 & 1 & 0 & 0 \\ 0 & 0 & 1 & 0 \\ 0 & 0 & \dfrac{1}{f} & 1 \end{bmatrix} \begin{bmatrix} X \\ Y \\ Z \\ 1 \end{bmatrix} = \begin{bmatrix} X \\ Y \\ Z \\ Z/f + 1 \end{bmatrix} \tag{1-42}$$

像点的非齐次坐标为

$$\begin{cases} x = fX/(f+Z) \\ y = fY/(f+Z) \\ z = fZ/(f+Z) \end{cases} \tag{1-43}$$

为使一个像点对应一条射线而并非一个点，在数学上取 z 为一个自由度，也可反映出目标点到像平面的距离。

若 $P(X,Y,Z)^{\mathrm{T}}$ 经过坐标系旋转及平移后其在新坐标系下的坐标为 $Q(X',Y',Z')^{\mathrm{T}}$ ，即

$$\begin{bmatrix} X' \\ Y' \\ Z' \end{bmatrix} = \begin{bmatrix} r_{11} & r_{12} & r_{13} \\ r_{21} & r_{22} & r_{23} \\ r_{31} & r_{32} & r_{33} \end{bmatrix} \begin{bmatrix} X \\ Y \\ Z \end{bmatrix} + \begin{bmatrix} t_1 \\ t_2 \\ t_3 \end{bmatrix} \tag{1-44}$$

一般情况下，高信噪比、高分辨率、大视场、高传递函数的光学系统是相机发展的主要研究方向。

（3）框幅式相机核线理论

核线理论由 Helava 在 20 世纪 70 年代提出，又称对极几何[11]，如图 1-6 所示，P 为空间一点，O_L 和 O_R 为相机中心，其连线为基线；P_L 和 P_R 为空间点 P 在两幅图中的对应点，e_L 和 e_R 分别为相机中心连线与两幅图像平面的交点，称之为极点，直线 $P_L e_L$ 和 $P_R e_R$ 为极线，平面 $PO_L O_R$ 为极平面。

核线几何的性质有[12]：1）在倾斜像片上所有的核线互相不平行，且交于一点，即核点。2）左（右）像片上的某一点，其同名点必定在其右（左）像片的同名核线上，这一性质是实现核线相关的基本依据。3）在理想影像平面上，所有的核线相互平行，不仅同一影像面上的核线平行，而且影像对上的相应的核线也平行。

核线几何仅依赖相机的内部参数和相对位置。如果相机并未标定，核线约束是唯一联系其中同名点的约束，所以也称其为弱标定[13]。通过核线理论，可缩小同名点的搜索范围，提高匹配的可靠性和速度。

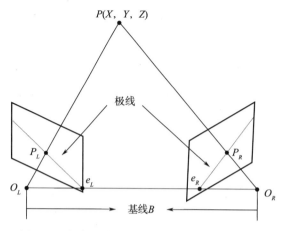

图 1-6　倾斜影像下的核线几何共面关系示意图

1.2.2　线阵推扫式相机与成像特点

推扫式相机分为框幅式面阵相机、线阵相机和点扫描相机。对于点扫描相机，因其高动态的位姿，不利于动态下立体像对的解算；对于线阵推扫式相机，一方面，处理一维图像信号的速度很快，适合在高速运动场景中使用；另一方面，其横向成像范围较宽。

（1）线阵推扫式相机的成像特点

如图 1-7 所示，线阵推扫式相机，瞬时"行中心投影"成像[14]，不同时刻各行成像的累加形成整幅影像[15]。通常通过不同视角的多行同时成像，以构成立体像对。

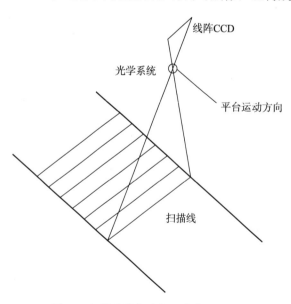

图 1-7　线阵推扫式相机成像示意图

线阵推扫式遥感影像各扫描行外方位元素不尽相同，由于卫星在飞行时几乎不受外力干扰，其方位变化是相对平稳、连续的，可认为是时间的函数。

（2）卫星平台及坐标系

按照距地面的高度，遥感平台[4]大体上可分为三类：地面平台（小于 100 m）、航空平台（100 m～100 km 之间）、航天平台（大于 240 km，如航天飞机和卫星）。典型的卫星平台有：Landsat 系列（美）、美国商业卫星 Ikonos、QuickBird（NASA，美国国家航空航天局）、SPOT 系列（法）、IRS（印度）、ALOS 系列（日）、ENVISAT 卫星系列（欧空局）、资源系列（中国）等。

①卫星在地心直角坐标系中的坐标

地心直角坐标系是以地心为坐标原点，X 轴由地心指向春分点，Y 轴在赤道面内且与 X 轴垂直，Z 轴垂直赤道面[4]。先以卫星轨道面上建立的坐标系 $X''Y''Z''$ 来解算卫星 S 点的坐标，即为

$$\begin{cases} X'' = r\cos V \\ Y'' = r\sin V \\ Z'' = 0 \end{cases} \tag{1-45}$$

其中，r 为卫星向径（又称径矢，起点在原点的对应向量），可用下式来计算

$$r = \frac{a(1-e^2)}{1+e\cos V} \tag{1-46}$$

V 为卫星的真近点角，与卫星运行时刻有关，可用下式计算

$$\tan\frac{V}{2} = \sqrt{\frac{1+e}{1-e}}\tan\frac{E}{2} \tag{1-47}$$

其中，E 为偏近点角，其与卫星运行时刻 t 的关系为

$$E - e\sin E = n(t-T) \tag{1-48}$$

其中，n 为卫星的平均角速度。

绕 Z'' 轴旋转坐标系 $X''Y''Z''$，则卫星在 $X'Y'Z'$ 坐标系中的坐标为

$$\begin{cases} X' = r\cos(\omega+V) \\ Y' = r\sin(\omega+V) \\ Z' = 0 \end{cases} \tag{1-49}$$

$X'Y'Z'$ 坐标系绕 X' 轴旋转 i 角，绕 Z 轴旋转 Ω 角至 XYZ 坐标系，则卫星坐标为

$$\begin{bmatrix} X \\ Y \\ Z \end{bmatrix} = r\begin{bmatrix} \cos(V+\omega)\cos\Omega - \sin(V+\omega)\sin\Omega\cos i \\ \cos(V+\omega)\sin\Omega + \sin(V+\omega)\cos\Omega\cos i \\ \sin(V+\omega)\sin i \end{bmatrix} \tag{1-50}$$

②卫星在大地地心直角坐标系中的坐标

大地地心直角坐标系[4]仍以地心为坐标原点，但 $\bar{X}$ 轴指向格林尼治子午圈与赤道面的交点，$\bar{Y}$ 轴在赤道面内垂直 $\bar{X}$ 轴，$\bar{Z}$ 轴垂直赤道面。这个坐标系随地球的自转与地心直角坐标系之间做相对运动，对于卫星在某一瞬间，大地地心直角坐标 $\bar{X}$ 轴与地心直角坐标

X 轴之间移位一个时角 θ。因此，卫星在大地地心直角坐标系中的坐标可以表示为

$$\begin{bmatrix} \bar{X} \\ \bar{Y} \\ \bar{Z} \end{bmatrix} = \begin{bmatrix} \cos\theta & \sin\theta & 0 \\ -\sin\theta & \cos\theta & 0 \\ 0 & 0 & 1 \end{bmatrix} \begin{bmatrix} X \\ Y \\ Z \end{bmatrix} \tag{1-51}$$

③卫星的地理坐标

大地地心直角坐标可以直接换算成地理坐标，即

$$\begin{cases} \bar{X} = (N + H_D)\cos B \cos L \\ \bar{Y} = (N + H_D)\cos B \sin L \\ \bar{Z} = [N(1 - e^2) + H_D]\sin B \end{cases} \tag{1-52}$$

L 表示经度，B 表示纬度，N 表示卯酉圈半径，H_D 表示卫星大地高程。

④卫星姿态角

若定义卫星质心为坐标原点，沿轨道前进的切线方向为 Y 轴，垂直轨道面的方向为 Z 轴，垂直 YZ 平面的为 X 轴，则卫星的姿态有三种情况：绕 Y 轴旋转的姿态角，称滚动角（roll）；绕 X 轴旋转的姿态角，称俯仰（pitch）角；绕 Z 轴旋转的姿态角，称航偏（yaw）角。姿态角可以用姿态测量仪测定。例如 Landsat-4 三轴指向准确度为 $0.01°$，稳定度为 (10^{-6}) $(°)$ /s。

（3）星载线阵推扫式相机外参数模型

星载线阵推扫式相机的外参数模型，直接决定着线阵相机的构像方程和一些模型的解算，同时，也是预测匹配搜索范围的决定因素之一。典型的模型有以下几种。

① 严格数学模型

外参数的严格数学模型为

$$\begin{cases} X_{0i} = X_0 + \Delta Xi + \cdots + \Delta Xi^{nX} \\ Y_{0i} = Y_0 + \Delta Yi + \cdots + \Delta Yi^{nY} \\ Z_{0i} = Z_0 + \Delta Zi + \cdots + \Delta Zi^{nZ} \\ \omega_{0i} = \omega_0 + \Delta\omega i + \cdots + \Delta\omega i^{n\omega} \\ \varphi_{0i} = \varphi_0 + \Delta\varphi i + \cdots + \Delta\varphi i^{n\varphi} \\ \kappa_{0i} = \kappa_0 + \Delta\kappa i + \cdots + \Delta\kappa i^{n\kappa} \end{cases} \tag{1-53}$$

方程中的元素分别表示卫星的位置和姿态欧拉角。

文献［16］研究了线阵推扫式相机外参数病态线性方程组的解法。首先通过有偏估计的多值观测得到定向参数的初值，然后将线元素和角元素分开成两组，各自建立误差方程，固定一组求另一组，两组方程交替反复迭代直到得到稳定解，当初值不好时，效果较差。文献［17］使用广义岭估计，在特征值近似为零的个数较少时，一定程度上抵消了参数间的强相关性，达到较高的精度。

因其高次多项式和众多的描述参数很难精确确定，严格数学模型很难在实际中应用。

② 正弦函数拟合

文献 [18] 采用正弦函数拟合卫星外方位元素

$$P_i = a \cdot \cos\left(\frac{2\pi i}{T}\right) + b \cdot \sin\left(\frac{2\pi i}{U}\right) \quad i=1,2,3,4,5,6 \tag{1-54}$$

T 和 U 表示分量的周期，a 和 b 表示位置矢量分量，P_i 表示 i 时刻卫星的位置。该模型相当于信号的正弦分解拟合，系数表示各分量的大小。

③ 多项式拟合

多项式纠正的表达式为

$$\begin{cases} x = c_0 + (c_1 X + c_2 Y) + (c_3 X^2 + c_4 XY + c_5 Y^2) + (c_6 X^3 + c_7 X^2 Y + c_8 XY^2 + c_9 Y^3) \\ y = d_0 + (d_1 X + d_2 Y) + (d_3 X^2 + d_4 XY + d_5 Y^2) + (d_6 X^3 + d_7 X^2 Y + d_8 XY^2 + d_9 Y^3) \end{cases} \tag{1-55}$$

其中，c_i，d_i，$i=0$，1，2，…9 为多项式拟合参数。该方法的特点是[19]：1）在控制点处的拟和效果较好，而在其他点的内插值可能有明显偏离，控制点之间也可能与相邻不协调。2）具有独立性，适用于不同的参考坐标系，不需要成像参数，应用范围广泛。3）有理函数的系数由拟合确定，并非在所有点都严格成立，精度与控制点的精度、分布和数量密切相关。该方法具有一定的盲目性，理论上不够严密，可理解为任何模型的低阶微分近似。

④ DLT 模型[20]

$$\begin{cases} x = \dfrac{A_1 X + A_2 Y + A_3 Z + A_4}{1 + A_9 X + A_{10} Y + A_{11} Z} \\ y = \dfrac{A_5 X + A_6 Y + A_7 Z + A_8}{1 + A_9 X + A_{10} Y + A_{11} Z} \end{cases} \tag{1-56}$$

其中，A_i，$i=1$，2，3，…11 为拟合系数，可直接或间接使用相机参数。由于相机的外参数并非常量，其调整量修正模式 SDLT（Self-calibrating DLT）为

$$\begin{cases} x = \dfrac{A_1 X + A_2 Y + A_3 Z + A_4}{1 + A_9 X + A_{10} Y + A_{11} Z} \\ y - A_{12} xy = \dfrac{A_5 X + A_6 Y + A_7 Z + A_8}{1 + A_9 X + A_{10} Y + A_{11} Z} \end{cases} \tag{1-57}$$

该模型的前提是，在处理时间段的成像过程中，假设卫星沿直线固定姿态飞行。

⑤ 二维仿射变换模型[20]

$$\begin{cases} x = A_1 X + A_2 Y + A_3 Z + A_4 \\ y = A_5 X + A_6 Y + A_7 Z + A_8 \end{cases} \tag{1-58}$$

类似地，A_i，$i=1$，2，3，…8 为拟合系数。文献 [21] 对该模型进行实验表明，越靠近影像中心的点，误差越小。这反映出基于仿射变换传感器模型不适于视场角比较大的线阵推扫式影像。

此外，文献 [22] 分析了外方位元素精度对遥感处理的重要性，以及线阵相机外方位元素求解过程的强相关性，提出采用 LMCCD 相机（线阵-面阵组合相机）的解决方案。

文献［23］对卫星的外参数进行近似和简化估计，基于直接法研究了等效框幅法（EFP法），将影像分段，然后按照类似经典的框幅式影像的空中三角测量法解算。

上述方法能够在一定近似条件下表征线阵推扫式相机的外参数模型。需要注意的是，多项式拟合和 DLT 模型效果非常有限，受到卫星平台本身稳定性、飞行轨迹等因素影响较大。而严格数学模型需要高精度的扫描轨迹和连续的位姿参数，对硬件设备要求很高，很少使用[24]。另外，在一些情形下，定向点或控制点的精度[25]和布设比较困难，甚至不可能实现。

（4）线阵推扫式相机的构像方程

对于星载线阵推扫式相机，设卫星沿 Y 轴正方向飞行，垂直成像时，在时刻 t，点 P 的像素坐标为 $(x, 0, -f)$，则其构像方程为

$$\begin{bmatrix} X \\ Y \\ Z \end{bmatrix}_P = \begin{bmatrix} X \\ Y \\ Z \end{bmatrix}_{S_t} + \lambda A_t \begin{bmatrix} x \\ 0 \\ -f \end{bmatrix} \qquad (1-59)$$

对于不同角度拍摄的像对，则有

$$\begin{cases} \begin{bmatrix} X \\ Y \\ Z \end{bmatrix}_P = \begin{bmatrix} X_{s1} \\ Y_{s1} \\ Z_{s1} \end{bmatrix}_{S_t} + \lambda A_{t1} \begin{bmatrix} x_1 \\ y_1 \\ -f \end{bmatrix} \\[20pt] \begin{bmatrix} X \\ Y \\ Z \end{bmatrix}_P = \begin{bmatrix} X_{s2} \\ Y_{s2} \\ Z_{s2} \end{bmatrix}_{S_t} + \lambda A_{t2} \begin{bmatrix} x_2 \\ y_2 \\ -f \end{bmatrix} \end{cases} \qquad (1-60)$$

在相机位姿参数已知下，可通过同名点 (x_1, y_1) 和 (x_2, y_2) 解算点 P 的空间坐标。因此，特征提取和同名点匹配是摄影测量、计算机视觉和三维重建过程中的核心环节。

应用中光学成像设备和摄影测量中的"中心小孔成像投影"模型之间总存在一定差异，三维景物经透镜成像也并非落在像平面上，一些方法可以将光学透镜组与中心小孔成像模型做得非常接近，但费用昂贵，而且，这种差异在分辨率逐步提高的遥感影像中，会在像素层次被逐渐放大。所以，选用工程中易实现的具有特定模型的光学成像设备，然后通过对应构像方程进行三维重建和识别。这样，该方法下的畸变校正工作将更易拉近理论与工程之间的距离。

线阵推扫式成像，有待进一步研究线阵推扫式相机的构像方程、误差来源，提高线阵推扫式影像三维重建的精度。

此外，微观机器视觉将高精度的影像匹配和摄影系统结合起来，并针对摄影测量相机与光学镜头的差异，研究高精度的畸变校正算法，以及高分辨率相机的高精度标定，组建高精度的微米级量测系统。

1.3 影像匹配与遥感发展

近几十年来图像匹配一直是图像处理和计算机视觉研究的热点问题之一。广泛地应用

于三维重解、模式识别、摄影测量、机器视觉、全景图的生成、摄像机标定、图像配准和镶嵌、景象匹配、图像检索等多个领域。

1.3.1　空间解算与虚拟现实

三维重建技术是以一定的方式处理图像进而得到计算机能够识别的三维信息，由此对目标进行分析。基于图像的三维重建的基本流程包括摄像机标定、同名像点匹配、空间坐标点解算、空间散乱点云的三角自动构网及表面纹理映射等主要步骤，如图 1-8 所示。

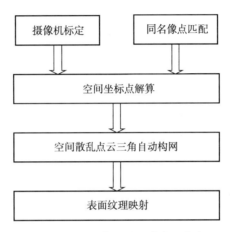

图 1-8　基于图像三维重建的基本流程

三维重建就是通过二维图像中的基元来恢复三维空间，需要研究三维空间中点、线、面的三维坐标与二维图像中对应点、线的二维坐标间的关系，实现定量分析物体的大小和空间物体的相互位置关系。它采用自动关键点匹配、双日重建、表面三角化和三维点拼接技术，经过图像对的特征提取、图像对的特征匹配、图像关键点的重建、三角化以及数据融合生成物体完整的三维结构。在完成重建后，可以从任意视点观察物体，具有立体视觉效果。虚拟现实技术在提高军队训练质量、节省训练经费、缩短武器装备的研制周期、提高指挥决策水平等方面都发挥了极其重要的作用。当然，建模效率问题、建模精度问题和算法的普遍适用性和鲁棒性是长期的问题。

从技术上讲，对于线阵推扫式遥感影像，其特点是每一行瞬时中心成像，各行通过拼接而成，并通过单轨和相邻轨获得立体像对，有着较高的分辨率和良好的传输性能，越来越受到业界的广泛重视，并被广泛应用。

对于框幅式航拍影像，它是局部高精度三维重建的基础。然而，成像时往往并非严格满足摄影测量条件，加之地形起伏，加剧了透视变形的影响；同时，同一场景不同视角下的影像，往往存在较复杂的遮挡关系，传统的匹配方法很难较好地完成匹配任务。

另外，海量的数据，即使通过较少的人工交互也很难满足快速高效的匹配和处理。这对处理系统的自动化水平和匹配算法的稳健性、精度和速度同时提出挑战。

1.3.2　商用数字地球系统

数字地球被认为是人类对地球认识的第三次飞跃，与 15 世纪末 16 世纪初的航海大发现、16 世纪末 17 世纪初日心说的提出相比肩。从广义上说，数字地球是我们居住星球的虚拟表示，它包含了人类社会在内的所有系统和各种生命形式，并以多维、多尺度、多时相、多层面的可视化方式表现出来。从狭义上说，数字地球是一个基于计算机生成的、具有交互式功能的虚拟的地球对照体，以及对真实地球及其相关现象统一性的数字化重现与认识。数字地球的核心就是建立一个完全信息化的地球，每一点的信息都按照地理坐标，构成空间和时间维的全球信息模型，用数字化手段统一地处理整个地球方面的问题，具有统一性、一致性、开放性，最大限度地利用信息资源。

1.3.3　高分辨率遥感影像及匹配面临的形势

随着航空、航天技术和传感器技术的飞速发展，遥感数据获取能力有了长足的进步，获取手段越来越多样化，遥感数据规模呈爆炸式增长趋势。然而，遥感数据处理水平的相对滞后降低了数据的利用率和应用效能，严重制约了遥感技术应用的发展。高分辨率遥感影像为人们获取和处理空间信息带来了极大优势，但与此同时，也给海量高分辨率遥感影像的匹配与处理技术带来众多挑战。

（1）高分辨率带来海量数据

高分辨率意味着巨大的数据量，其对硬件的存储空间、处理设备的内存大小、处理速度和效率、软件的测试与开发带来巨大压力。例如，相比"嫦娥一号"，"嫦娥二号"影像的像素宽度由 512 扩展到 6 144，高度由几万行扩展到 50 万～70 万行，原始影像的数据量达 800 GB；而资源三号卫星在 2012 年的原始数据量达 250 TB。

（2）大视角对遥感影像匹配的影响

大视角下的像对，基线比较长，成像条件差异较大，例如基于无人机的低空遥感监测系统[26]，由于其飞行高度低、获取影像幅面小、数据量大，影像之间存在大倾角、大旋转角、较明显的透视变形、扭曲和尺度差异等现象，加之一些区域特征不明显、小范围纹理重复，以及边界、遮挡影响，使得匹配工作变得非常困难。

（3）对特征点定位和匹配精度带来的挑战

高精度标定和摄影测量对匹配点的定位精度要求很高，通常的像素级精度已不能满足需要。而对于高分辨率影像，意味着一些变形、畸变和扭曲也在相对（相对像素而言）放大，成像过程中传感器的形状和尺寸、光学系统的像差、视角变化、大气扰动、物体运动等复杂因素对成像的影响加剧；而且，局部变化不完全一致，很难寻求全局的参数描述整体的变化。这使得高精度的影像匹配和图像变换遇到挑战。

（4）多模态不同分辨率对匹配的影响

在"嫦娥二号"影像中，常通过单颗或多颗卫星对地面扫描，并采用异轨侧视立体或同轨不同视角立体等观测方式获取立体像对，传感器的不同和分辨率的差异，对匹配的可靠性带来不良影响。尤其对于线阵推扫式影像，成像结果往往受到卫星平台飞行位姿参数的变化和抖动、不同光照条件和阴影等多种因素的影响[27]。

（5）对自动化处理带来的挑战

海量的高分辨率遥感影像，对自动化匹配和处理的要求越来越高[28,29]。其中，对匹配算法、自动化匹配引擎的设计、误匹配剔除、准稠密匹配等技术环节提出更高要求。同时，对算法的稳健性、解算模型的一致收敛性、高效性要求很高，需要大量知识储备、时间精力和较高的编程水平。

匹配的稳健性、准确性以及稠密程度直接影响着各种模型参数的求解和解算精度。提取尽可能多和尽可能准确的同名点是其重要的两个方面。同时，稀疏匹配仅能勾勒出三维场景的轮廓，会损失三维场景的细节信息，而准稠密匹配通常需要建立在稀疏匹配基础之上，其精度和可靠性非常棘手。近年来，匹配技术和算法取得了长足的进步，但解决问题的能力仍然受限。

目前的匹配技术虽然较为成熟，尤其是近几年一些新算法，能够适应一定程度的尺度变化、旋转变化、仿射变化甚至视角变化，但解决能力有限，效果和通用性远达不到工程应用的程度[30]，尤其在匹配的稳健性和精度上。然而，许多重要的理论研究和遥感图像处理系统都是建立在影像匹配基础之上的，因此，实现自动的、高精度的、稳健的、快速的匹配仍然是业界的研究热点和目标。

1.3.4　航天遥感与影像匹配发展趋势

近年来，高分辨率遥感影像在航天观测、高精度导航和制导、摄影测量、三维解算等领域的应用日趋重要和活跃，其对遥感影像的自动化匹配和处理带来新的冲击，尤其是特征点自动提取、特征匹配、准稠密匹配的精度、速度、可靠性、稳定性和高重现率，需要考虑整体适用、全局精度和客观准确。近年来，典型的遥感影像处理系统包括：法国INFOTERRA 公司的像素工厂（Pixel Factory），美国 ERDAS 公司开发的专业遥感图像处理与地理信息系统软件 ERDAS IMAGINE，美国 Research System INC 公司开发的ENVI（The Environment For Visualizing Images），加拿大 PCI 公司开发的用于图像处理、GIS（Global Information System）、雷达数据分析以及资源管理和环境监测的软件系统 PCI Geomatica，澳大利亚 EARTH RESOURCE MAPPING 公司（ERM）开发的 ERMapper，德国 Definiens Imaging 公司的 ECognition 等，以及一些国产系统。这些系统在遥感影像处理和摄影测量领域发挥着巨大的作用，处理技术也在实践检验中日趋强大。

在高分辨率遥感环境下，成像视角的差异、影像的变形和海量数据给遥感影像的自动化处理与匹配仍然带来巨大冲击，需要继续在算法性能、自动化程度、处理方法等方面进行不断努力。整体上来讲，呈现如下趋势：

1）遥感观测平台的多样化、位姿等辅助信息的精确化、成像方式的新颖化，可以作为自动匹配系统的重要数据来源和引导数据。随着遥感观测平台系统和成像技术的不断发展，我们将在航天的、航空的、陆上的、海上的遥感平台上，在多波段、多分辨率、多成像模式下获得更加清晰、具有准确引导信息的高空间分辨率、高光谱分辨率、高时间分辨率遥感影像，将对对地观测带来极大便利。

2）匹配算法的功能日趋强大。匹配算法的主要指标有匹配精度、匹配正确率、匹配速度。一定程度上，如何提高算法的去歧义和抗干扰能力，并降低算法实现的复杂度和计算量，将非常关键。同时，好的匹配算法也应该具有稳健性强、适应性广、匹配精度高等特点。

3）遥感影像自动化匹配与处理系统的自动化程度越来越高，系统的功能扩展更加广泛。海量大规模大区域遥感影像数据，即使少量的人工干预，也会给操作和应用带来极大不便，所以，必须考虑整体适用、全局精度和客观准确，逐步实现自动化、智能化、实时化。同时，遥感匹配系统应用领域将得到进一步扩展。

第2章 特征提取与匹配

稳健性、可靠性、精度和速度是决定自动化匹配效果的瓶颈问题，业界针对该问题进行了长期的探索和试验，尤其是尺度域和角度域等扩展分析空间的引入，特征区域的仿射变形归一化操作、灵活多样的描述方式，以及一些索引技术、空域约束关系等，使匹配算法的性能得到不断提高。然而，由于大部分影像目标之间均存在视角不同、尺度差异、旋转、阴影以及噪声模糊、局部遮挡、变形、复杂背景等现象，给影像匹配带来不良影响。如何提取可靠性高、稳定性好、区分性强、重现性高、计算量小的特征，并进行高效的特征匹配，非常重要。

2.1 图像的分析空间

除了常用的空域像素操作，微分、导数和积分，刚性变换、仿射变换和透视变换等处理外，典型的影像分析与描述空间还有以下几种。

2.1.1 平面变换

（1）刚性空间

假设图像间只存在刚性变换，或者近似刚性变换。

$$\begin{bmatrix} x_2 \\ y_2 \end{bmatrix} = s \begin{bmatrix} \cos\theta & \sin\theta \\ \sin\theta & \cos\theta \end{bmatrix} \begin{bmatrix} x_1 \\ y_1 \end{bmatrix} + \begin{bmatrix} t_x \\ t_y \end{bmatrix} \tag{2-1}$$

（2）仿射空间

仿射变换

$$\begin{bmatrix} x_2 \\ y_2 \end{bmatrix} = \begin{bmatrix} a & b \\ c & d \end{bmatrix} \begin{bmatrix} x_1 \\ y_1 \end{bmatrix} + \begin{bmatrix} t_x \\ t_y \end{bmatrix} \tag{2-2}$$

狭义的仿射变换：图像的旋转、尺度、平移变换，是广义仿射变换的子集。

广义的仿射变换：由几何畸变、光度畸变以及其他发生在图像上的变化组成，包括尺度、旋转、平移、图像模糊、图像压缩、随机噪声、目标遮挡、复杂背景等情况。

2.1.2 透视投影变换

投影变换

$$\begin{cases} x_1 = \dfrac{ax_2 + by_2 + c}{dx_2 + ey_2 + 1} \\ y_1 = \dfrac{fx_2 + fy_2 + h}{dx_2 + ey_2 + 1} \end{cases} \tag{2-3}$$

2.1.3 图像的色彩空间

影像中物体的颜色主要取决于反射光的特性，由光源和物体本身的反射特性共同决定[31]，彩色（多光谱）信息包含着丰富的特征描述信息。

彩色图像常包括真彩色和伪彩色，真彩色是高维色彩空间分析，而伪彩色利用调色板对彩色影像按颜色进行低维量化编码。常用的颜色空间模型有[32]：RGB 模型，LUV 空间模型、HSI 模型、HSV 模型、HCV 模型、YIQ 模型和 YCC 模型等。文献［33］指出，RGB 色彩空间是非线性的，3 个分量之间有很强的相关性，由于色彩辨别阈的存在，使得在 RGB 色彩空间上处理彩色图像很不方便。而 LUV 色彩空间采用圆柱坐标系定义颜色空间，具备一致性和均一性且各色彩分量之间不相关[33]，因此它被广泛应用于计算机彩色图像处理领域。

2.1.4 几何矩及拓扑空间

常用的有 Hu 不变距及其改进系列、RSTC（旋转、尺度、平移、对比度）不变矩等。一些基于直方图的不变距和对应描述符，可用于特征的匹配。逐点计算窗口内的各点的对应不变距，然后相关，计算量很大。

基于拓扑结构的匹配或者误匹配点剔除算法，例如全等三角形、四边形、特征点组成的凸多边形、三角网格、虚拟轨迹匹配、转动惯量计算惯量椭圆、基于分形和代数几何、数学形态学等。从一定角度上讲，一些不需要特征描述符的点模式匹配方法就是基于几何拓扑的匹配。

2.1.5 图像的尺度空间

同一特征在不同视角、不同分辨率下的影像之间，难免存在尺度上的差异。常用的尺度空间[34]包括线性尺度空间、非线性尺度空间、形尺度空间和数学形态学尺度空间。影像的尺度空间分析，可以实现匹配对尺度差异的稳健性。常用的尺度解算方法有两种：通过尺度核[35]的响应函数的极大值作为尺度，或者通过协变区域的统计矩拟合尺度。

例如，给定一个连续信号 $I: \Re^n \rightarrow \Re$，该信号的尺度描述可定义为

$$F(x,y,t) = g(x,y,t) \otimes I(x,y) \qquad (2-4)$$

$\otimes$ 表示卷积，$g(x, y, t)$ 为二维高斯核，t 为尺度参数。空域的变量 $v = \sqrt{x^2 + y^2}/t^\gamma$，$\gamma > 0$ 可用于 $\partial_{vm} F(v, t)$ 的偏微分表述，m 表示偏微分的阶数。由于偏微分 $\partial_{vm} F(v, t)$ 会出现逐渐增大再减小的过程，响应的最大值常被判定为该处的尺度。典型的有 LOG（Laplacian - of - Gaussian）尺度空间、高斯尺度空间等。其中，尺度参数表征着不同尺度下的信息描述，表现为对应分析窗口的半径。事实上，由于二维高斯函数的对称性，高斯尺度的卷积过程也是一个卷积窗口内的加权过程。

2.1.6 图像的频域空间与滤波

从频率域角度考虑[36]，高频空间信息表现为像素灰度值在一个狭小像素范围内的急

剧变化，低频空间信息则表现为像素灰度值在较宽像素范围内的逐渐改变。高频信息包括边缘、细节等；低频信息则包括缓变纹理、背景等。传统的滤波算法如均值滤波、中值滤波、加权滤波、高斯滤波、DOG 滤波等，属于各向同性扩散，不考虑图像的特征，常在降噪的同时也模糊和破坏了图像的边缘（边缘效应、或称肥胖效应）；一些各向异性的滤波器，例如基于 PDE 的各向异性扩散模型[37]是一个非线性抛物型的偏微分方程，由图像梯度决定其扩散速度，能够兼顾噪声消除和特征保持两方面，对于滤除噪声具有很好的实用价值。此外，典型的滤波算法还有可控滤波器[38]、平滑或滤波操作[39]、空域增强技术、锐化滤波、同态滤波、时域滤波、频域滤波、指数平滑滤波、正弦变换滤波、指数余弦滤波、离散高斯滤波、傅立叶变换、小波变化、时频信号分析、加权组合滤波等。在图像处理中，常采用滤波模板，可在满足特定精度的条件下提高计算速度。经过不同类型的滤波，可在不同分析域或方向上，获得特征描述的相对稳定性和可区分性，提高特征描述与分析的抗噪性能和抗变形能力。具体的滤波和变换处理，不一定是线性的，也不一定是严格可逆的，只要局部或分析区间单调，能够排除二义性即可。

图像的重采样与像素插值，在图像处理中非常频繁。常用方法有：双线性插值、双三次卷积法、多项式拟合法、最邻近像元法、双像素重采样法、加权窗（如三角窗等）等[26]。在特征的检测过程中，常通过检测局部极值作为角点的探测依据。为了更准确地拟合极值点的位置，采用基于位置、位置变化和变化程度的相元二次函数极值点拟合。在一些高精度和尺度空间分析处理中，需要多尺度和多分析空间下的变窗口采样，例如变窗口的高斯窗卷积采样（有时采用指数滤波代替，或者直接利用变窗口模板进行滤波采样）。

2.2　特征提取与匹配要素、指标及特点

图像特征是用于区分一个图像内部特征的最基本的属性。根据图像本身的自然属性和人们进行图像处理的应用需求，图像特征可分成自然特征和人工特征两大类。自然特征是指图像固有的特征，比如图像中的边缘、纹理、形状、颜色等。人工特征是指人们为了便于对图像进行处理和分析而人为认定的图像特征，比如图像直方图和图像频谱等。

2.2.1　匹配的要素

匹配要素主要包括特征类型、特征描述、匹配相似性度量、匹配搜索与控制策略和误匹配剔除五部分。

（1）特征类型

从广义上讲，特征提取就是通过某种变换或映射，将高维空间中的特征用低维空间中的特征来描述，通常包括点特征、线特征（边缘）和区域特征等。

①点特征

点特征通常是灰度图、差分图等变换空间中的显著点、拐点或者是曲线（直线或边缘）的交点。常有[40,41]：Moravec 算子、Förstner 算子、Harris 算子、SUSAN 算子、

Hannah 算子、Dreschler 算子、DOG 算子、基于 Hessian 矩阵的检测子、LY 算子等。点特征具有计算量少，匹配简单以及旋转、平移、尺度不变和几乎不受光照条件的影响的性质，因此点特征在图像配准与匹配、目标识别、运动分析、目标跟踪等领域的应用都相当广泛。

②线特征（边缘）

线特征又称边缘，可分为阶跃型边缘和屋顶状边缘，具有方向和幅度，通常采用区域分割法、梯度算子、几何拟合法等检测和提取边缘。例如，典型的梯度法边缘检测算子有：Sobel 算子、Kirsch 算子、Prewitt 算子、Roberts 算子、Laplacian 算子、Hough 算子、Canny 算子、Greenfeld - Schenk 算子等。基于线特征（边缘）的匹配算法，首先检测图像边缘，然后对其进行描述，并进一步实现匹配。

③区域特征

区域为图像上某些像素的集合，是图像的一个子集，该区域内像素点的统计规律，或者某种变换下的描述，作为衡量特征区域的方法，即为区域特征。典型的有 Hu 不变矩、熵、统计直方图、小波响应等。基于区域特征的匹配算法，主要包括互相关算法及其多种改进[42]，其利用影像的局部灰度或变换灰度信息进行整体匹配。如协方差法、相关系数法、NCC（归一化互相关）、迭代加速改进版 NCC[43]、最小二乘相关法、平均绝对差算法等。这类算法，关键在于评价函数的设计和形式。目前的评价函数主要针对平移变换，少量针对一定程度的旋转变化和仿射变化，针对仿射变化的描述子原理上普适性较好，但在较大旋转和变形下的稳定性不好。同时，该类算法在一些良性区域具有较高的精度，而对靠近边缘、形变或扭曲图像的匹配可靠性不高，受背景的影响较大，速度较慢。

④扩展或混合特征

对于单纯的点特征检测子，由于其信息含量单一，缺乏形状描述，对大视角、大尺度改变以及光照、遮挡、噪声、复杂背景等情形较为敏感，所以通常和区域特征相结合，使其具有尺度、方向、形状等信息，从而达到更好的描述能力。

特征的选取标准有：特征尽可能被检测到；伪特征尽可能不被检测到；能够精确定位；稳定性好，抗噪能力强，能够适应一定的尺度、视角、噪声、亮度和对比度等变化；检测效率高等。

（2）特征描述

特征描述，就是对各种类型的特征，结合适当的处理空间和变换，依靠特定的表达方式和拓扑安排，进行特定方式的描述，使其能够与其他不同特征相区分，而与其他相同或相似特征很接近，达到识别与匹配的目的。通常的描述方式有：基于灰度的、梯度的、小波变换的、几何学的、形态学的、运动模型的、视差模型的描述等。

（3）匹配相似性度量

相似性度量是指用什么度量来确定待匹配特征之间的相似性，它通常定义为某种代价函数或者距离函数的形式。通常有：欧氏距离、绝对距离、明基距离、极差标准化距离、马氏距离、兰氏距离、相似系数、相关系数、数量积、指数相似系数、非参数化距离、最大最小法、算术平均最小法、几何平均最小法、绝对值指数法、绝对值倒数法和方差调和一致距离、最近距离和次近距离比例等。良好的距离选择应该力求在相同特征间的距离很小，不同特征间的距离很大，并且方便计算。

（4）匹配搜索与控制策略

匹配搜索与控制策略主要用于提高匹配效率，对海量高维特征尤为重要[44]。大致可分为四类：第一类是通过缩小搜索空间来提高运算效率，例如金字塔法、匹配包围盒、跨层次的搜索匹配法、MPCD（Multi - scale Plessey Corner Detector）特征描述符[45]等；第二类算法则是通过采用各种优化算法，例如 Gauss—Newton 算法、模拟退火算法、LM（Levenbery Marquart）算法、Powell 方向加速法、动态规划法、松弛法、蚁群算法、神经网络[46]、粒子群优化算法[47]、特征滤波策略[48]、遗传算法等进行匹配操作，并通过非遍历寻优搜索策略加快匹配速度；第三类方法是利用或拟合模型在大致搜索区域内进行特征匹配，例如基于仿射变换预测的匹配[49]、基于视角变换[50]的匹配等，模型求解过程中常采用 RANSAC（Random Sample Consensus）算法[51]思想，不断滤掉外点并优化模型参数；第四类是组合搜索策略，达到快速搜索和匹配的目的。

（5）误匹配剔除

准确率一直是影像匹配中的瓶颈问题，误匹配难免存在。如果前期初始匹配同名点中有误匹配点，尤其是所占比例较多时，对后续参数估算、相对定向等过程的不利影响很大，直接制约着自动化处理的进程。所以，需要采用一些方法删除其中不可靠或误匹配点。

一定程度上，如何提高算法的去歧义和抗干扰能力，并降低算法实现的复杂度和计算量也非常关键。

2.2.2　匹配算法的性能指标

（1）匹配速度

表现为四个方面：其一是进行匹配操作所消耗的时间；其二是搜索的点数；其三是自动化程度以及人工交互的程度；其四是并行化的可行性及并行效率。

（2）匹配精度

匹配点和真正匹配点之间存在一定的偏差，称为匹配误差。匹配误差越小，定位精度越高。

（3）匹配正确率

在匹配精度的要求范围内，正确匹配点数量相对于初始匹配点数量的比值称为匹配正确率。该指标与检测子的性能、处理图片的本身等因素均有关系[52]，通常包括重现率和准确率

$$重现率＝正确匹配数量/（正确匹配数量＋未成功匹配数量） \tag{2-5}$$

$$准确率＝正确匹配数量/（正确匹配数量＋错误匹配数量） \tag{2-6}$$

一个优秀的匹配算法应该具有稳健性强、适应性广、匹配精度高、自动化程度高、计

算量少等特点。目前的一些匹配算法，通常在一个或几个方面表现为较好的性能，但要达到综合性能的最优和实用化的程度，仍需要进行深入研究，尤其是稳健性、可靠性、精度、速度和自动化水平的整体优势。

2.2.3　所面临的问题和挑战

宽基线下的影像间的视角、变形遮挡现象尤为突出，对于特征的提取与匹配富有挑战，目前的一些典型的算法分别在特征点检测、特征区域描述、特征匹配及搜索策略、误匹配剔除等环节做出了大量尝试和验证，因此，结合算法的优点、不足，设法提高算法的稳健性、提高算法的速度、提高匹配的正确率、一定程度控制算法的内存和计算开销，非常关键。目前，国内外匹配技术及算法已取得一定进展和成果，然而，对于高分辨率、大尺寸、大视角下具有一定变形和遮挡下影像的快速、高效、直接匹配，仍然面临严峻形势。

（1）成像特点

在成像特点方面，主要体现在[53]：1）不存在性，即对一张影像上某些特征，在另一张影像上由于遮挡等原因可能不存在对应特征；2）多义性，即对一张影像上某些特征，由于半透明、重复纹理或相似纹理出现多个特征与之对应；3）由于成像视角差异、光照条件不同等因素影响，像对间常伴随着较大的平移、旋转、透视变形、阴影和噪声干扰；4）不同分辨率；5）不同传感器参数；6）众多景物本身的特征差异性较大、分布比较随机。

（2）匹配技术

在匹配技术方面，存在问题有：1）微分算子和梯度描述量，描述参考点相对周围的变化量，是较好的特征探测和描述量，然而，数字图像的导数及微分并不连续，一些近似方法会带来不稳定性和偏差，而一些滤波常会破坏图像的固有性质[53]，尤其是边缘特征；2）对于描述向量，低维描述量通常描述能力较弱，不能实现较大数量间特征的匹配，高维特征虽具有较好的描述能力，但易受到"维数灾难"和分量中的噪声影响。一些降维和主成分分析的方法，往往受到参数间强相关性的相互干扰；3）当前较好的稀疏匹配算法，内存和时间开销均较大，尤其针对高分辨率大尺寸影像，甚至不能直接处理，而图像分割常会损失尺度信息，而且，多尺度分析和速度、精确性常相互冲突；4）在含有误匹配条件下模型的求解和图像变换，常常出现精度不高或陷入局部极值，对海量遥感数据的自动处理影响较大。

良好的匹配算法需要综合考虑描述子的可区分能力、重现能力、精度、速度和稳健性。因此，需要在理论上设计更优的算法，提高处理的效率和稳健性。必要时，根据使用场合适当折中。

2.2.4　典型的点（状）特征提取与匹配算法

基于点特征描述的匹配算法综合了点的探测和特征点邻域的描述与匹配，具有较高的

可信度、匹配精度和匹配速度，更有利于参与图像间变换关系的解算，因而得到广泛
重视。

（1）典型的点（状）特征检测子

典型的点特征检测子包括：

① Moravec 算子[40]

计算参考窗口内"米"字型四个方向相邻像素灰度差的平方和，然后以其中最小值作
为兴趣值，当兴趣值大于一定阈值时就认为是特征点。其实质是八个方向上变化均很剧烈
的点。类似的还有 Trajkovic、MIC 等算子。

② Förstner 算子[40]

根据窗口内累计梯度的协方差矩阵 $\boldsymbol{Q}$

$$\boldsymbol{Q} = \begin{bmatrix} \overline{f_x^2} & \overline{f_x f_y} \\ \overline{f_x f_y} & \overline{f_y^2} \end{bmatrix} \tag{2-7}$$

其中

$$\begin{cases} \overline{f_x^2} = \sum_{j \in \Omega} \sum_{i \in \Omega} [I(i+1, j+1) - I(i, j)]^2 \\ \overline{f_y^2} = \sum_{j \in \Omega} \sum_{i \in \Omega} [I(i, j+1) - I(i+1, j)]^2 \\ \overline{f_x f_y} = \sum_{j \in \Omega} \sum_{i \in \Omega} [I(i+1, j+1) - I(i, j)][I(i, j+1) - I(i+1, j)] \end{cases} \tag{2-8}$$

利用椭圆度 $F(x, y)$ 检测角点

$$F(x, y) = [\overline{f_x^2}\, \overline{f_y^2} - (\overline{f_x f_y})^2] / (\overline{f_x^2} + \overline{f_y^2}) \tag{2-9}$$

并选择 $w = \mathrm{Det}\boldsymbol{Q}/\mathrm{tr}\boldsymbol{Q}$ 较小且接近圆形的角点。Förstner 特征点的选取过程增加了近似圆
形的限定，具有较高的精度，但仅限于类似圆形的特征点，其与选择窗口的大小有关。

③ Harris 算子

其基本思想是[54,55]：在图像中设计一个局部窗口，当窗口沿各个方向移动时，考察窗
口的平均能量变化：若像素点处于平坦区域，则沿任意方向的平均能量变化都很小；若像
素点位于边缘区域，则沿边缘方向平均能量灰度变化较小，垂直边缘方向平均能量变化较
大；若像素点为角点，则沿任意方向的平均能量变化均很大。因此，对于参考区域梯度的
自相关矩阵 $\boldsymbol{M}$

$$\boldsymbol{M} = \sum_{x, y} w(x, y) \begin{bmatrix} f_x^2 & f_x f_y \\ f_x f_y & f_y^2 \end{bmatrix} \tag{2-10}$$

其中，$w(x, y)$ 为加权窗口。Harris 算子通过自相关矩阵特征值与角点类型的关系确定角
点，当特征值均比较大时，是角点；否则，是边缘点或平滑点。文献［56］等对其阈值的
选取和窗口大小的设置进行了改进。

Harris 算法计算简单，提取的点特征分布比较均匀合理，点特征的数量可控，比较稳
定[57]，具有一定缩放和旋转不变性，应用比较广泛。与之同时，其计算量较大、对旋转
和噪声敏感。

④ SUSAN 算子

SUSAN 算子用圆形模板在图像上移动，若模板内像素的灰度与模板中心像素灰度的差值小于一定阈值，则认为该点与核具有相同的灰度，由满足这样条件的像素组成的局部区域称为"USAN"。根据 USAN 的尺寸、质心和二阶矩，检测角点特征[58]。

SUSAN 算法特点：抗噪性较强，具有一定缩放和旋转不变性。对于规则物体的检测比较适用。但在稳定性上，Harris 算子优于 SUSAN 算子[59]。

⑤ 边缘交点型角点

文献［60］给出了一些边缘交点型角点的作用和探测方法，例如"X""Y""T""V"等形状，并指出，"X"型特征稳定性最好，能够适应视角的变化和少量变形。

⑥ 边缘上的角点

KitChen 和 Rosenfeld 算法通过图像的一阶和二阶偏导数确定角点。首先对图像进行边缘检测，然后采用如下兴趣值

$$F(x,y) = \frac{f_x^2 f_{yy} - 2f_x f_y f_{xy} + f_y^2 f_{xx}}{f_x^2 + f_y^2} \tag{2-11}$$

检测局部极值点。CSS 角点和其类似，首先检测 Canny 图像边缘及轮廓，在大尺度上检测边缘的曲率，然后检测边缘上的极值点，并在附近微调定位。Medioni – Yasumoto 算法[40]利用曲线拟合影像的边缘，选择曲率最大处作为角点位置。这类算法为边缘上的角点，算法的依赖性较大，对噪声比较敏感。

⑦ Wang&Brady 算子

Wang&Brady 算子检测表面曲率的实时角点。由于表面曲率与沿着边缘切线方向的二阶导数成正比，与边缘强度成反比，所以定义曲率较大处为角点。

⑧ DOG 算子

DOG（Difference of Gaussians）算子，即高斯差分算子，是两个尺度不同的高斯函数的差，是 LOG 算子的一种近似和简化。它虽然降低了图像的对比度，一定程度破坏了图像的边缘，但能够实现多尺度分析，对噪声较为稳健，对 Blob 区域的检测较为有效。由于多尺度分析会降低大尺度特征的定位精度，可采用二次函数极值拟合特征点位置，在一定程度上改善特征点的定位精度。

虽然 DOG 算子的复杂度较高，但其具有旋转、尺度、亮度变化的稳健性，相比 Harris 算子、SUSAN 算子，信息丰富，稳定性较好。

⑨ HA（Harris/Hessian – Affine）检测子

HA 检测子[61]，在尺度空间内检测特征点，并提取基于特征点的特征仿射协变区域。两者不同之处在于尺度空间内特征点的检测方法，前者基于 Harris 角点检测子，后者则基于 Hessian 矩阵。其中，Hessian 矩阵的表达式为

$$W(x,y) \otimes \begin{bmatrix} \dfrac{\partial^2 I}{\partial x^2} & \dfrac{\partial^2 I}{\partial x \, \partial y} \\[3mm] \dfrac{\partial^2 I}{\partial x \, \partial y} & \dfrac{\partial^2 I}{\partial y^2} \end{bmatrix} \tag{2-12}$$

　　然后以 Hessian 矩阵的行列式的值检测角点（Beaudet 角点算子与之类似），其对旋转具有一定的稳健性，因涉及二阶导数，对噪声较敏感。为了方便解算，文献［62］对 Hessian 矩阵的分量进行了如图 2-1 所示的简化。

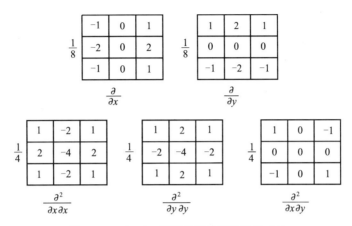

图 2-1　Hessian 矩阵分量的简化近似求法

　　HA 检测子广泛地应用于仿射自适应特征点的检测和尺度不变特征点的检测。

　　⑩ EBR 和 IBR 检测子

　　T. Tuytelaars 和 L. Van Gool 发现，图像中的边界具有一定的仿射不变性，且边界的检测方法较为高效[63]，于是提出了 EBR（Edge – Based Region）和 IBR（Intensity Extrema – Based Region）检测子。基于边界区域的 EBR 检测子，要求图像间存在比较稳定的边界曲线。IBR 检测子基于灰度极值在多尺度检测具有仿射不变性的区域，其检测图像中的同质区域，依赖于图像本身的结构，具有仿射变换和线性光照共变的特性，然而，该区域具有较弱的独特性，不利于图像的识别和匹配。

　　⑪ MSER 检测子

　　对于灰度图像，合理选择一系列阈值构造对应的阈值图像：设置图像中像素值小于阈值的点为黑点，大于或等于阈值的点为白点，将得到的阈值图像按照阈值逐渐增大的顺序连续放映出来，这样就可以得到一系列由白到黑的二进制图像。图像中白色区域随着阈值的增大而逐渐减小、分离，而黑色区域会随着阈值的增大而逐渐增长、融合。白色的连通区域就是最大值区域，而那些在多个阈值图像中面积几乎不变的极大值区域就是最大稳定极值区域（MSER，Maximally Stable Extremal Region）[64]。通常情形下，该算子依靠二阶矩和统计不变量，通过迭代实现描述区域的归一化。

　　MSER 特征最典型的特点就是具有仿射协变性，对待匹配图像间的仿射变换具有一定的稳健性，而对模糊和有噪声图像的性能稍差。

　　⑫ SR 检测子

　　SR（Salient Region）检测子提取图像中具有高显著度的像素集合，即显著区域。该检测子基于局部区域上的亮度概率密度函数，并引入尺度空间，通过局部描述子的熵极值定义特征尺度，使得特征区域具有尺度和仿射不变性。SR 算子所检测区域具有局部最大熵，表征着图像局部的不同灰度最接近一致分布的情形。

此外，还有滤波型角点等。例如，滤波型角点通过对图像进行滤波，然后在变换空间检测角点。

（2）点（邻域）特征的描述

对特征点邻域的描述，通常包括基于灰度的描述、梯度的描述、拓扑结构下的变量描述、统计量的描述以及其组合等。

①梯度（模）描述

梯度，是一种最常用的变化描述方式。对于离散的数字图像而言，梯度（微分、积分）描述量并不连续，一些常见的近似算子有[10]：Roberts 梯度、Sobel 算子、Laplacian 算子等。在一些情形下，也可检测出梯度信息和梯度的角度信息，进行特征描述。

②统计特性和不变矩

通过图像的一些灰度信息、差分或微分信息进行某种累计，形成类似能量和对比度关系等描述。例如文献［65］中一些关于统计直方图的特性，如偏度、峰度、能量、惯量矩、熵、逆差等。类似地，还有 Hu 不变矩及其改进系列、几何矩、区域矩、互信息等[66-68]描述。

③模型拟合法

即建立一定模型，然后利用局部区域灰度或梯度等信息拟合模型中的系数，并把这组系数作为特征的描述量。这种方法中模型的选择具有一定灵活性，例如多项式曲线或曲面，贝塞尔曲线或曲面等。其优点是简单、便于求解微分量；缺点是，如果参数模型不够准确，会带来更大误差。

④特征矩阵描述

例如 KL[69]特征，提取点集中的某一基本关系，然后形成矩阵，将矩阵进行特征值分解，以特征值的大小顺序形成特征值的基向量，以特征值对应的向量为特征描述。KL 特征实现了对特征的重新排列，使其具有相对稳定性，类似于主成分分析法，其特征突出，能量集中，往往前几个特征向量即可描述特征。然而，特征矩阵对于高维向量的描述复杂度较大，同时，由于高维空间中向量的相关性往往较大，该类方法常常受限。

此外，还有链码描述、拓扑特性描述等。

（3）特征描述的拓扑结构

拓扑空间常用于特征的描述和误匹配点剔除，例如全等三角形、四边形、凸多边形、三角网格、虚拟轨迹、椭圆、分形和代数几何[70]、数学形态学空间、同态空间等。

典型的描述窗口类型有[71,72]圆形的、方格形的、圆环形的、饼形的、扇形的等，如图 2-2 所示。其中，较小的窗口往往使得向量的描述能力下降，而较大的窗口容易引入背景、边界和噪声等因素的影响。圆环窗口和一些规则的不重叠窗口对影像的噪声和变形较为敏感。

（4）特征的距离和相似性度量

相似性度量用于描述特征向量间的相似性。一方面，在高维空间中总存在一些噪

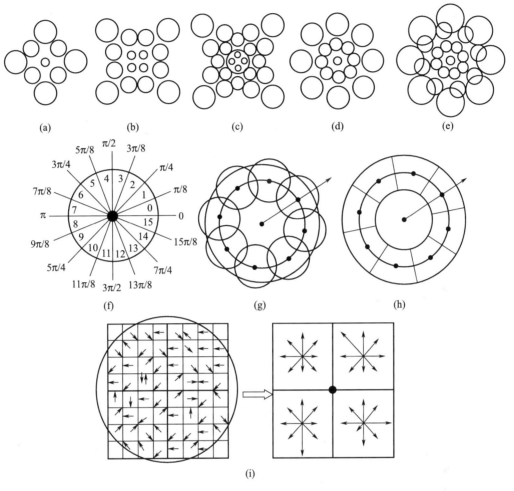

图 2－2　几种描述区域拓扑结构图

声[73]，对应这些维上的差别累计量较大，导致高维特征向量间的一些相似信息常常被湮没在噪声维之中。另一方面，受"维数灾难"[74,75]的影响，传统的基于欧氏距离的近邻表述常常失去意义。所以，对相似性度量的研究和恰当使用非常关键。

常有的相似性度量包括[7,76]：各种距离测度、编码测度、概率（熵）测度、变换测度（例如小波变换测度）等。

① 均方（根）距离

$$d_{ij} = \sqrt{\frac{1}{N}\sum_{k=1}^{N}(x_{ik}-x_{jk})^2} \quad i,j=1,2,3,\cdots,i \neq j \tag{2-13}$$

d_{ij} 为第 i 和第 j 个向量在 N 维空间的均方根距离，N 为维数，x_{ik} 为第 k 维。数值上讲，均方距离为均方根距离的平方。对于维数 N 一定，均方根距离与欧氏距离等价。在均方（根）距离度量下，差别较大的维度占据距离描述的主导地位。

② 绝对值距离

绝对值距离，又称曼哈顿距离，即

$$d_{ij} = \sum_{k=1}^{N} | x_{ik} - x_{jk} | \quad i,j = 1,2,3,\cdots,M \quad i \neq j \tag{2-14}$$

在归一化的数据中，绝对值距离计算速度较快。以绝对值最大分量距离为准则的距离，又名切比雪夫距离，或棋盘距离。

③ 明氏距离

$$d_{ij} = \left[\sum_{k=1}^{N} | x_{ik} - x_{jk} |^q \right]^{1/q} \quad i,j = 1,2,3,\cdots,M \quad i \neq j \tag{2-15}$$

明氏距离是欧氏距离、切比雪夫距离和曼哈顿距离的一种泛化表示。当 $q=1$ 时，就是曼哈顿距离；$q=2$ 时，是欧氏距离；$q=\infty$ 时，就变为切比雪夫距离。

④ 相关系数的距离

$$d_{ij} = \frac{\sum_{k=1}^{n} (x_{ik} - \overline{x_i})(x_{jk} - \overline{x_j})}{\sqrt{\sum_{k=1}^{n} (x_{ik} - \overline{x_i})^2 \cdot \sum_{k=1}^{n} (x_{jk} - \overline{x_j})^2}} \tag{2-16}$$

相关系数表示两个向量之间的线性相关程度。

⑤ 方向余弦距离

方向余弦距离，又称相似系数、归一化内积，即

$$d_{ij} = \cos\theta = \frac{\sum_{k=1}^{n} x_{ik} x_{jk}}{\sum_{k=1}^{n} x_{ik}^2 \sum_{k=1}^{n} x_{jk}^2} \tag{2-17}$$

其为 N 维向量的夹角余弦，它从方向上区分差异，而对数值的大小不敏感。

⑥ 加权距离

加权距离的形式具有多样化，例如马氏距离

$$d_{ij} = \left[(x_i - x_j)^{\mathrm{T}} \sum\nolimits^{-1} (x_i - x_j) \right]^{1/2} \tag{2-18}$$

$(x_i - x_j)$ 为第 i 个向量与第 j 个向量之差的列向量；$\sum^{-1}$ 表示 N 维向量协方差矩阵的逆矩阵。

⑦ 基于分量对比描述的距离

1）兰氏距离

$$d_{ij} = \frac{1}{N} \sum_{k=1}^{N} \frac{| x_{ik} - x_{jk} |}{| x_{ik} | + | x_{jk} |} \tag{2-19}$$

2）Camberra 距离度量

$$d_{ij} = \frac{1}{N} \sum_{k=1}^{N} \frac{| x_{ik} - x_{jk} |}{| x_{ik} + x_{jk} |} \tag{2-20}$$

其对较小特征和较大特征的加权不一致，更注重较小的变量。如果对于和为 0 的两组

矢量，判断结果会出现异常极大值。

3）最大最小法

$$r_{ij} = \frac{\sum_{k=1}^{m} \min(x_{ik}, x_{jk})}{\sum_{k=1}^{m} \max(x_{ik}, x_{jk})} \tag{2-21}$$

4）算术平均最小法

$$r_{ij} = \frac{\sum_{k=1}^{m} \min(x_{ik}, x_{jk})}{\frac{1}{2}\sum_{k=1}^{m} (x_{ik} + x_{jk})} \tag{2-22}$$

5）几何平均最小法

$$r_{ij} = \frac{\sum_{k=1}^{m} \min(x_{ik}, x_{jk})}{\sum_{k=1}^{m} \sqrt{x_{ik} \cdot x_{jk}}} \tag{2-23}$$

6）Jefrey – Divergence 度量法

$$S = \sum_{i=1}^{N} x_i \log_N [2x_i/(x_i + y_i)] + y_i \log_N [2y_i/(x_i + y_i)] \tag{2-24}$$

⑧ 相似性度量函数

1）Close 函数

$$S_{ij} = \sum_{k=1}^{m} \exp[-|x_{ik} - x_{jk}|] \tag{2-25}$$

与基十距离的函数相比，Close 函数中占主要地位的是那些数值相近的维度，而那些数值相差很远的维度几乎被略去，两个数据中，彼此相接近的维度越多，相似性越大，这与判定事物是否相似的逻辑习惯相吻合。Close 函数的值越小，向量间的相似性越好。而对于相似性比较强的多个特征，大量特征会泯灭在近似特征中。

2）sim 函数

$$d_{ij} = \frac{1}{N}\sum_{k=1}^{N}\left(1 - \frac{|x_{ik} - x_{jk}|}{a_i + \varepsilon}\right) \quad i,j=1,2,3,\cdots,M \quad i \neq j \tag{2-26}$$

$\overline{a_i}$ 表示某维上均值的绝对值，或其他依赖于样本的描述。ε 为一个正小数。

3）Hsim 函数

$$d_{ij} = \frac{1}{N}\sum_{k=1}^{N}\left(\frac{1}{1+|x_{ik} - x_{jk}|}\right) \quad i,j=1,2,3,\cdots,M \quad i \neq j \tag{2-27}$$

4）距离比例的描述量

$$d_{ij} = \sum_{k=1}^{N}\left(\frac{1}{1+\left(\frac{x_{ik}}{x_{jk}}\right)^2 + \left(\frac{1-x_{ik}}{1-x_{jk}}\right)^2}\right) \quad i,j=1,2,3,\cdots,M \quad i \neq j \tag{2-28}$$

这种距离，接近量对统计规律的影响较大。

⑨ 形态学的距离

根据数据段的上升和下降，以及变化程度划分成不同的状态[77]，例如：｛快速下降、保持下降、平缓下降，水平、平缓上升、保持上升、快速上升｝，相当于对特征向量进行分段量化编码，然后根据码间距离计算相似性。

⑩ 直方图的交

将两组数据看作两个直方图序列，求取直方图交的和作为相似性度量，即

$$r_{ij} = \sum_{k=1}^{m} \min(x_{ik}, x_{jk}) \tag{2-29}$$

其结果是，整体数值较大的向量组之间的距离较大，因而区分能力较差。

⑪ 依赖于样本特性的距离

1）极差标准化距离

$$d_{ij} = \frac{1}{N} \sum_{k=1}^{N} \frac{|x_{ik} - x_{jk}|}{R_k} \quad i,j=1,2,3,\cdots,M \quad i \neq j \tag{2-30}$$

其中，$R_k = x_{\max, k} - x_{\min, k}$，这类特征需要统计规律的支持。

2）方差调和一致距离

$$d(x, y) = \sqrt{\sum_{i=1}^{N} \frac{(x_i - y_i)^2}{\sigma_i^2}} \tag{2-31}$$

其中，$\sigma_i^2 = \frac{1}{N} \sum_{j=1}^{N} (|x_j - y_j| - \mu_j)^2$，$\mu_i = \frac{1}{N} \sum_{j=1}^{N} |x_j - y_j|$。其以区分效果为目的。

3）相关输出相似性度量

相关输出相似性度量[78]，是基于距离间均方差的度量方法，即

$$d_{ij} = \sqrt{\frac{1}{N} \sum_{k=1}^{N} (x_{ik} - x_{jk} - \overline{x_{ik} - x_{jk}})^2} \quad i,j=1,2,3,\cdots,M \quad i \neq j \tag{2-32}$$

其中

$$\overline{x_{ik} - x_{jk}} = \frac{1}{N} \sum_{k=1}^{N} (x_{ik} - x_{jk}) \quad i,j=1,2,3,\cdots,M \quad i \neq j \tag{2-33}$$

⑫其他

1）数量积

$$r_{ij} = \begin{cases} 1 & i=j \\ \displaystyle\sum_{k=1}^{m} \frac{x_{ik} \cdot x_{jk}}{M} & i \neq j \end{cases} \tag{2-34}$$

其中，$M \geqslant \max\limits_{i,j} (\sum\limits_{k=1}^{m} x_{ik} \cdot x_{jk})$。

2）指数相似系数

$$r_{ij} = \frac{1}{m} \sum_{k=1}^{m} \exp\left[-\frac{3}{4} \frac{(x_{ik} - x_{jk})^2}{s_k^2}\right] \tag{2-35}$$

其中，s_k^2 适当设定数值。

3）非参数化距离。令 $x_{ik}' = x_{ik} - \overline{x_i}$，$n^+$ 为 $\left\{ \prod\limits_{k=1}^{m}(x_{ik}' \cdot x_{jk}') \right\}$ 中大于 0 的个数，n^- 为 $\left\{ \prod\limits_{k=1}^{m}(x_{ik}' \cdot x_{jk}') \right\}$ 中小于 0 的个数

$$r_{ij} = \frac{|n^+ - n^-|}{n^+ + n^-} \tag{2-36}$$

4）绝对值倒数法

$$r_{ij} = \begin{cases} 1 & i = j \\ \dfrac{M}{\sum\limits_{k=1}^{m} |x_{ik} - x_{jk}|} & i \neq j \end{cases} \tag{2-37}$$

此外，还有最近和次近距离比例[79]等度量方法。

　　良好的相似性度量选择应该力求在相同特征间的距离尽量小，不同特征间的距离尽可能大，并且方便计算。文献［80］指出，对于旋转、缩放和畸变等，大部分相似性度量方法都比较敏感，都会不同程度出现匹配误差，甚至误匹配。因此，要设法消除或减少旋转、缩放等不一致因素后，再进行相似性度量和匹配，才能取得较好的效果。文献［81］指出，绝对值距离和均方距离，恰好是数据任意分簇不变的一种结合，在一般低维时表现为较好的匹配效果。而基于统计规律的匹配，通常具有相对较好的效果，但会一定程度降低处理速度。使用过程中需要根据具体情况权衡选择。

2.3　典型特征匹配算法

2.3.1　SIFT 算法及其改进系列算法

　　SIFT[82]算法通过尺度参数高斯平滑图像建立高斯金字塔，逐层作差形成差分金字塔，然后在差分金字塔中寻找极值点作为特征点，并在对应的梯度场建立描述向量，再确定主方向和统计方格的子区域描述向量，然后对向量进行重新排列并归一化，最后在归一化描述向量的基础上实现匹配。SIFT 算法的稳定性和良好性能，在匹配中得到广泛应用，一些场合甚至作为其他算法的判定依据。

　　高斯核是可以产生多尺度空间的核，一个图像的尺度空间 $L(x, y, \delta)$，定义为原始图像 $I(x, y)$ 与一个可变尺度的二维高斯函数 $G(x, y, \delta)$ 的卷积运算。高斯函数如下

$$\begin{cases} G(x_i, y_i, \delta) = \dfrac{1}{2\pi\delta^2}\exp\left(-\dfrac{(x-x_i)^2 + (y-y_i)^2}{2\delta^2}\right) \\ L(x, y, \delta) = G(x, y, \delta) * I(x, y) \end{cases} \tag{2-38}$$

　　高斯金字塔的构建过程可分为两个部分：对图像进行高斯平滑、对图像进行降采样。为了让尺度体现其连续性，在简单下采样的基础上加上了高斯滤波。一幅图像可以产生若干组（octave）图像，一组图像包括若干层（interval）图像。高斯图像金字塔共 o 组、s

层，则有 $\delta(s)=\delta_0 \cdot 2^{s/S}$，其中，$\delta$ 为尺度空间坐标，s 为 sub-level 层坐标，δ_0 为初始尺度，S 为每组层数（一般为 3～5 层）。高斯金字塔模型如图 2-3 所示。

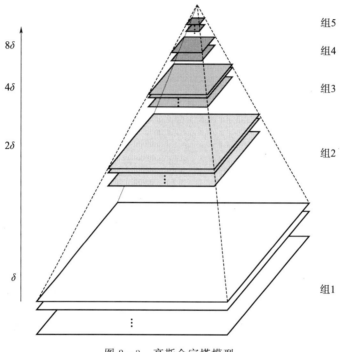

图 2-3　高斯金字塔模型

LOG 算子与高斯核函数的关系如下

$$
\begin{cases}
L(x,y,\delta)=\delta^2 \nabla^2 G \approx \dfrac{G(x,y,k\delta)-G(x,y,\delta)}{\delta^2(k-1)} \\
\quad G(x,y,k\delta)-G(x,y,\delta) \approx (k-1)\delta^2 \nabla^2 G
\end{cases}
\tag{2-39}
$$

通过推导可以看出，LOG 算子与高斯核函数的差有直接关系，由此引入 DOG 算子。DOG 算子在计算上只需相邻尺度高斯平滑后图像相减，因此简化了计算

$$
\begin{cases}
L(x,y,\delta)=G(x,y,\delta)*I(x,y) \\
D(x,y,\delta)=[G(x,y,k\delta)-G(x,y,\delta)]*I(x,y) \\
\qquad =L(x,y,k\delta)-L(x,y,\delta)
\end{cases}
\tag{2-40}
$$

为了进行计算，将金字塔中的每个倍频里的相邻两幅图像作差，所得的差分图像如图 2-4 所示，就形成了一个表征 DOG 尺度空间的 DOG 金字塔。

特征点是由 DOG 空间的局部极值点组成的。为了寻找 DOG 函数的极值点，每一个像素点要和它所有的相邻点比较，看其是否比它的图像域和尺度域的相邻点大或者小。中间的检测点和它同尺度的 8 个相邻点和上下相邻尺度对应的 9×2 个点共 26 个点比较，以确保在尺度空间和二维图像空间都检测到极值点。

为了提高关键点的稳定性，需要对尺度空间 DOG 函数进行曲线拟合。利用 DOG 函数在尺度空间的 Taylor 展开式

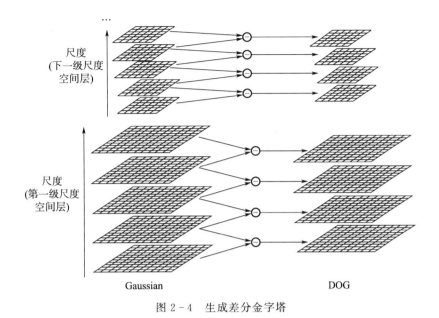

图 2-4　生成差分金字塔

$$D(X) = D + \frac{\partial D^{\mathrm{T}}}{\partial X} X + \frac{1}{2} X T \frac{\partial^2 D}{\partial X^2} X$$

其极值点：$\hat{X} = -\dfrac{\partial D^{\mathrm{T}}}{\partial X} \left(\dfrac{\partial^2 D}{\partial X^2} \right)^{-1}$。

　　仅去除低对比度的极值点对于特征点稳定性是远远不够的。DOG 函数在图像边缘有较强的边缘响应，因此我们还需要排除边缘响应。DOG 函数的（欠佳的）峰值点在横跨边缘的方向有较大的主曲率，而在垂直边缘的方向有较小的主曲率。主曲率可以通过计算在该点位置尺度的 2×2 的 Hessian 矩阵得到，导数由采样点相邻差来估计

$$H = \begin{bmatrix} D_{xx} & D_{xy} \\ D_{yx} & D_{yy} \end{bmatrix} \tag{2-41}$$

　　D 的主曲率和 H 的特征值成正比，为了避免直接计算这些特征值，而只是考虑它们之间的比率。α 为最大特征值，β 为最小特征值，令 $\alpha = \gamma\beta$，则

$$\begin{cases} \dfrac{\mathrm{Tr}(H)}{\mathrm{Det}(H)} = \dfrac{(\alpha + \beta)^2}{\alpha\beta} = \dfrac{(\gamma + 1)^2}{\gamma} \\ \quad \mathrm{Tr}(H) = D_{xx} + D_{yy} \\ \quad \mathrm{Det}(H) = D_{xx} D_{yy} - D_{xy}^2 \end{cases} \tag{2-42}$$

　　$\dfrac{(\gamma + 1)^2}{\gamma}$ 在两特征值相等时达最小，随 γ 的增长而增长。Lowe 建议 γ 取 10。因此，$\dfrac{\mathrm{Tr}^2(H)}{\mathrm{Det}(H)} < \dfrac{(\gamma + 1)}{\gamma}$ 时将关键点保留，反之剔除。

　　通过尺度不变性求极值点，可使其具有缩放不变的性质，利用关键点邻域像素的梯度方向分布特性，可为每个特征点指定方向参数方向，从而使描述子对图像旋转具有不变性。梯度幅值与梯度方向如下式

$$\begin{cases} m(x,y) = \sqrt{(L(x+1,y)-L(x-1,y))^2 + (L(x,y+1)-L(x,y-1))^2} \\ \theta(x,y) = \tan^{-1}\left[\dfrac{L(x,y+1)-L(x,y-1)}{L(x+1,y)-L(x-1,y)}\right] \end{cases}$$

$$(2-43)$$

其中 L 所用的尺度为每个关键点各自所在的尺度。

　　计算时，在以关键点为中心的邻域窗口内采样。用直方图统计邻域像素的梯度方向。梯度直方图的范围是 $0°\sim360°$，将 $0°\sim360°$ 等分成若干方向，直方图中每一个柱代表一个方向。直方图的峰值则代表了该特征点处邻域梯度的主方向，即该特征点的方向。

　　至此，图像的关键点已检测完毕，每个关键点有三个信息：位置、尺度、方向。同时也就使关键点具备平移、缩放和旋转不变性。

　　提取到的特征点需要进行特征点描述，其目的为用一组向量将这个关键点描述出来，这个描述子不仅包括关键点，也包括关键点周围对其有贡献的像素点。用来作为目标匹配的依据，也可使关键点具有更多的不变特性，如光照变化、3D 视点变化等。其思路描述为：通过对关键点周围图像区域分块，计算块内梯度直方图，生成具有独特性的向量，这个向量是该区域图像信息的一种抽象，具有唯一性。图 2-5 为 SIFT 描述子示例，其中描述子由 $2\times2\times8$ 维向量表征，也即是 2×2 个 8 方向的方向直方图组成。左侧图的种子点由 8×8 单元组成。每一个小格都代表了特征点邻域所在的尺度空间的一个像素，箭头方向代表了像素梯度方向，箭头长度代表该像素的幅值。然后在 4×4 的窗口内计算 8 个方向的梯度方向直方图。绘制每个梯度方向的累加可形成一个种子点，如右侧图所示：一个特征点由 4 个种子点的信息所组成。

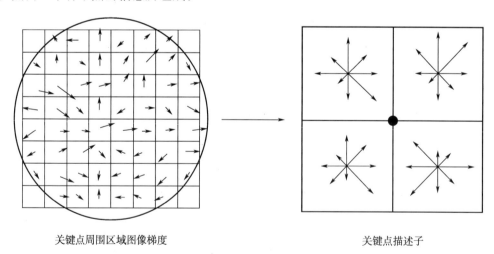

关键点周围区域图像梯度　　　　　　　　　　　关键点描述子

图 2-5　描述梯度向量图示

　　特征点匹配时，采用欧氏距离度量，在这两个特征点中，如果次近距离除以最近距离小于某个阈值，判定为一对匹配点。阈值设得小，匹配的点数就会减少，但更稳定。如果采用双向匹配，即采用第二幅图中的已经配对的特征点，与第一幅图中的初始匹配点对应的特征进行再次匹配，会得到更加置信的效果。

　　SIFT 中要查找的特征点是一些不会因光照条件改变而消失的十分突出的点,比如角点、边缘点、暗区域的亮点以及亮区域的暗点。既然两幅图像中有相同的景物,那么使用某种方法分别提取各自的稳定点,这些点之间会有相互对应的匹配点。所谓特征点,就是在不同尺度空间的图像下检测出的具有方向信息的局部极值点。根据归纳,我们可以看出特征点具有的三个特征:尺度、方向、大小。

　　SIFT 算法的特点如下:1) 独特性,SIFT 特征是图像的局部特征,其对旋转、尺度缩放、亮度变化保持不变性,对视角变化、仿射变换、噪声也保持一定程度的稳定性;2) 识别性,识别性能强,信息量丰富,适用于在海量特征数据中进行快速、准确的匹配;3) 多量性,即使少数的几个物体也可以产生大量 SIFT 特征向量。经过优化的 SIFT 算法可满足一定的速度需求;4) 可扩展性,可以很方便地与其他形式的特征向量进行联合。SIFT 算法可解决由于目标的自身状态、场景所处的环境和成像器材的成像特性等因素影响图像配准/目标识别跟踪性能的问题。SIFT 算法实现步骤包括特征点描述、特征点检测、特征点匹配、剔除误配点等。

　　针对 SIFT 算法计算量较大,文献[83]采用 PCA 法(主成分分析法)进行了降维。文献[84]综合了 Harris 角点检测和 SIFT 描述量,并通过改进使得这些特征点能够适应不同尺度的变化。文献[59]采用 Harris 算子进行角点检测,采用 SIFT 模式的金字塔,利用 GLOH(Gradient Location and Orientation Histogram)算法[85]的描述子,并依靠特征点间的等距比进行误匹配剔除。此外,还有基于颜色不变特征的改进方法等。

　　然而,SIFT 算法也存在一些问题,例如,在一些场合检测出大量特征点,而匹配成功的特征点偏少。实验也表明,改变匹配策略、搜索空间和误匹配剔除方法也可以大幅度改善同名点的分布和数量。

2.3.2　异构金字塔虚拟尺度的抗仿射变形匹配算法

　　在大量的遥感影像中,尤其是低空航拍遥感影像,视角差异和高分辨率特性使得影像间局部的变形、遮挡和扭曲更为复杂,SIFT 等算法的各向同性高斯滤波以及规则描述窗口,理论上不能适应视角的差异和仿射变形;同时,利用单一的梯度描述量不足以描述特征的全面性质,并容易受到数字图像非连续性影响(尤其是影像局部变化较为剧烈时)。于是,提出了异构金字塔虚拟尺度的抗仿射变形匹配算法,记为 RAIPy MuDePoF(Robust Affine - Invariant Isomerous Pyramid Feature and Multi - Description for Point Feature Matching)匹配算法。

　　(1) 虚拟金字塔全尺度域分析

　　数字图像导数及微分常不连续,容易受到噪声和局部变形的较大影响,对尺度的响应和特征的描述不利,采取必要的预处理和滤波非常关键。

　　①影像的预处理

　　一般的最大值最小值归一化,可在一定程度上减少特征间光照条件不同的影响。然而,一方面,一些显著的亮点和暗点将会较大程度影响归一化的效果,使得影像间的总体亮度更加悬殊；另一方面，局部的多次归一化操作会降低特征间的区分能力。

于是，设计自适应的动态分簇方法进行归一化。

对影像 $I(x,y)$，I_{max} 和 I_{min} 分别为最亮和最暗的灰度。对影像的灰度分布进行动态分簇，最亮的分簇和最暗的分簇所占的比例分别为 r_c 和 r'_c，然后对数据进行调和归一化，归一化后的亮度 $I_N(x,y)$ 满足

$$I_N(x,y)=\begin{cases}(1-r'_c-r_c)\dfrac{I(x,y)-(1+r'_c)I_{min}}{(1-r_c)I_{max}-(1+r'_c)I_{min}}\\ \quad if\quad I(x,y)\in\left[(1+r'_c)I_{min},(1-r_c)I_{max}\right]\\ (1-r_c)\dfrac{I(x,y)-(1-r_c)I_{max}}{(I_{max})}\\ \quad if\quad I(x,y)\in\left[(1-r_c)I_{max},I_{max}\right]\\ \dfrac{I(x,y)-I_{min}}{(1-r'_c)(I_{max}-I_{min})}\\ \quad if\quad I(x,y)\in\left[I_{min},(1+r'_c)I_{min}\right]\end{cases}\tag{2-44}$$

这样，减弱了部分异常最亮点和最暗点对归一化的影响，同时保持了其亮度变化的信息。如果影像存在多个亮斑或暗点时，可利用上述方法进行多次归一化，工程来看，通常 $3\sim5$ 次即可。

② Sinc 尺度空间

若定义特征在影像中的原始尺度为 1，如果特征的尺度为 s，即特征的当前尺度在原图中占 s 个单位，则在尺度 s 的 Sinc 函数为

$$Sinc(x,y,s)=Sinc\left(\frac{\pi}{4sr_0^2}\sqrt{x^2+y^2}\right)\tag{2-45}$$

在 $[-2r_0,2r_0]$ 区间，Sinc 函数的形状很像 LOG 的形状，仿真表明，r_0 取 $3\sim4$ 更为接近。所以，新的平滑函数定义为

$$FI(x,y,s)=Sinc(x,y,s)\otimes I(x,y)\big|_{\{x^2+y^2\leqslant s^2\}}\tag{2-46}$$

其中，"$\otimes$"表示卷积，平滑参数 r_0 的选择和尺度相关，对于数字图像，当 $r_0=1$ 时，相当于取源数据；当 $r_0>1$ 时，增大了处理窗口，对应于图像的缩小变换，即在大尺度下分析；当 $r_0<1$ 时，反之。当 $\partial_{sm}FI(x,y,s)=0$ 时，自动取得描述特征的最佳尺度 s，以及对应的坐标点 (x,y)。

由于

$$\begin{aligned}FI(x,y,s)&=Sinc(x,y,s)\otimes I(x,y)\big|_{\{x^2+y^2\leqslant s^2\}}\\&=[Sinc(x,y,s)\cdot g_{\tau=2s}(r)]\otimes[I(x,y)\cdot g_{\tau=2s}(r)]\\&=\sum I(x,y)\cdot Sinc(x,y,s)\cdot f_\Delta(r)\end{aligned}\tag{2-47}$$

其中，$f_\Delta(\cdot)$ 表示半径为 Δ 的三角窗。可见，与对称型函数的卷积，相当于像素点的窗函数加权，不同尺度对应不同大小的加权窗，本质上是获取在某个尺度上最有保真效果的数据层。Sinc 尺度空间，可以有效消除高频噪声，并高保真实现尺度空间的描述。为了提高处

理速度和效率，可建立一个平滑模板予以表征 $Sinc(x,y,s) \cdot f_\Delta(r)$，提高计算效率。

（2）Sinc 方向滤波算子与异构虚拟金字塔

① Sinc 方向滤波

由于 Sinc 滤波具有各项同性，对于特征的描述，方向滤波可以提高描述图像变化的能力。在特征尺度层，忽略尺度因子，令 $FI(x,y) = I_0(x,y) \otimes Sinc(x,y)$，则

$$FI'(x,y) = I_0'(x,y) \otimes Sinc(x,y) = I_0(x,y) \otimes Sinc'(x,y) \qquad (2-48)$$

因而，可以通过对卷积窗函数的微分，然后与源图像数据的卷积实现高精度的求导，从而增加微分描述的准确性和连续性。

对于 $Sinc(x,y)$，由于

$$\frac{\partial}{\partial x}Sinc(x,y) = \frac{\pi x \sqrt{x^2+y^2}\cos(\pi\sqrt{x^2+y^2}) - x\sin(\pi\sqrt{x^2+y^2})}{\pi(x^2+y^2)^{\frac{3}{2}}} \qquad (2-49)$$

$$\frac{\partial}{\partial y}Sinc(x,y) = \frac{\pi y \sqrt{x^2+y^2}\cos(\pi\sqrt{x^2+y^2}) - y\sin(\pi\sqrt{x^2+y^2})}{\pi(x^2+y^2)^{\frac{3}{2}}} \qquad (2-50)$$

不难证明，Sinc 滤波一阶微分连续。为了更好地表征图像的变化信息，可在方向滤波中加入各向异性控制因子，比如乘以当前梯度的模值。

② 异构虚拟尺度金字塔

对于高分辨率影像，为了综合多分辨率处理的效率和大量数据描述的需要，在归一化影像的基础上，建立了异构虚拟尺度金字塔结构，如图 2-6 中 A 部分所示。

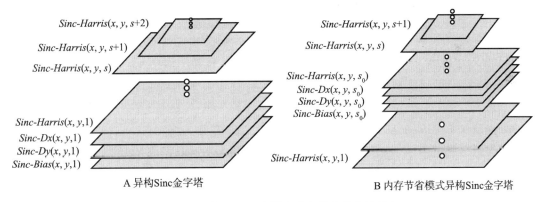

图 2-6 异构 Sinc 金字塔和内存节省模式卷积窗

在异构虚拟尺度金字塔结构的底层，包含一个 Sinc-Harris 图，一个 Sinc-Dx 图，一个 Sinc-Dy 图和一个 Sinc-Bias 变换图。其中，Sinc-Dx 图，表示影像 X 方向的一阶偏微分 $\partial_x FI(x,y,s)$ 变换图。Sinc-Dy 图，为对应 Y 方向的 $\partial_y FI(x,y,s)$ 变换图，其中

$$\partial_x FI(x,y,s) = I(x,y) \otimes \partial_x Sinc(x,y,s) \qquad (2-51)$$

$$\partial_y FI(x,y,s) = I(x,y) \otimes \partial_y Sinc(x,y,s) \qquad (2-52)$$

为了减少计算量，可建立足够精度的偏微分模板，响应值通过查询的方式迅速得到。

对于 Sinc－Bias 变换图，首先通过下式

$$Q(i,j,s)=\sqrt{\sum_{t=-1}^{+1}\sum_{k=-1}^{+1}\left[8I(i,j,s)-I(i+k,j+t,s)\right]^2} \qquad (2-53)$$

增强变化显著的区域，同时弱化变化缓慢的区域。于是，Sinc－Bias 变换图定义为

$$Bias(x,y,s)=Sinc(x,y,s)\otimes Q(x,y,s) \qquad (2-54)$$

Sinc－Bias 变换图的一个示例如图 2－7 所示。

图 2－7　测试图像上的 Sinc－Bias 图

Sinc－Harris 变换图主要用于特征点的探测，Sinc－Dx 变换图、Sinc－Dy 变换图和 Sinc－Bias 变换图用于描述特征点邻域的变化，它们共同参与特征点邻域兴趣区域的确定和特征描述量的生成。

异构金字塔结构中，从底层取数据的精度高，从上层取数据的速度快。在金字塔上层的大尺度特征反映了影像的局部总体信息，而处在金字塔底层的小尺度特征反映了影像的细节信息。对于较大的框幅式影像，可将底层设在异构金字塔的中间某层，其他运算以中间层为依据，从而大幅度减少内存开销。根据应用场合对速度、精度的要求，动态地确定金字塔的层数。通过异构虚拟金字塔的构建，综合了多种描述量及其变化量描述，实现了影像在多尺度下的快速变换与分析。

（3）RAIPy 特征点的检测与定位

在尺度、像素位置三维空间检测中相对稳定的特征点是特征点检测的核心。

① RAIPy 特征点的检测

鉴于 Harris 算子具有较好的重现率和信息量，故将 Harris 角点检测和 Sinc 尺度空间结合起来，即 Sinc－Harris 变换图，其在某像素位置 $(x，y)$ 处的响应值 $R(x,y,s)$ 为

$$R(x,y,s)=\det[H(x,y,s)]-k\{trace[H(x,y,s)]\}^2 \qquad (2-55)$$

其中

$$H(x,y,s)=Sinc(x,y,s)\otimes\begin{bmatrix}[\partial_xI(x,y,s)]^2 & \partial_xI(x,y,s)\partial_yI(x,y,s)\\ \partial_xI(x,y,s)\partial_yI(x,y,s) & [\partial_yI(x,y,s)]^2\end{bmatrix}$$

$$(2-56)$$

$Sinc(x,y,s)$，$\partial_xSinc(x,y,s)[\partial_ySinc(x,y,s)$ 和其对称] 和 $\partial_xSinc(x,y,s)\partial_ySinc(x,y,s)$ 的响应函数如图 2-8 所示。

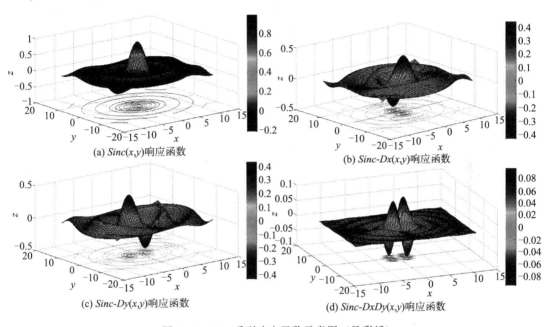

图 2-8　Sinc 系列响应函数示意图（见彩插）

　　定义 $R(x,y,s)$ 域的较大点，或者连续较大点处的极值点为 Sinc-Harris 角点，自适应调整 k 值和虚拟金字塔的尺度间隔，并根据局部影像的信息熵，进行特征点数量的控制，同时提高算法的速度。

　　②RAIPy 特征点的属性特征

　　扩展到多个属性金字塔层次上进行，不同层次、类型上获取的特征类型不同。待匹配的点特征之间应该具有相同或相近的属性描述。除特征的类型、极值类型（如极大值、极小值）等外，增加如下属性特征。

　　1）颜色信息：对于彩色遥感影像，颜色信息具有较好的区分效果（对于不同季节、不同成像系统的遥感影像之间不适用），而鉴于 LUV 彩色系统的距离信息更具有区分效果，定义特征间的色彩相似系数 $Cr(a,b)$

$$Cr(a,b)=|a-b|/[\min(|a|,|b|)+\zeta]\qquad(2-57)$$

其中，ζ 为经验补偿值。对于一定阈值 C_T，如果 $Cr(a,b)<C_T$，则认为特征间相似。类似地，颜色间的分量比例也可作为属性描述。

　　2）方向信息：两幅遥感影像或局部之间存在一定的相对稳定的方向夹角，当特征间旋转角度的差别明显偏离该角度时，认为不匹配。

3）尺度信息：往往遥感影像的整体尺度存在一定的相近性，或整体比例关系接近。

4）特征的仿射变形描述：即特征间仿射变形的近似性。

5）特征点邻域的信息熵：特征点附近的熵近似一致。

属性特征可作为特征匹配的筛选条件，从而一定程度提高匹配的稳健性和速度。

③ RAIPy 特征点的精确定位

一旦在 Sinc-Harris 金字塔上检测出兴趣点，以局部梯度变化和变换灰度为约束，拟合尺度。即令

$$D(r)=\frac{\int_{\Omega} \mid \mathrm{d}(x,y)\mid \cdot \boldsymbol{r} \mathrm{d}r}{r} \tag{2-58}$$

然后求 $D(r)$ 极值对应的 r，并取 $s=r \cdot s_0^k$ 进行尺度的拟合。

由于单点的梯度和方向信息极易受到外界环境的影响，故采用 X 方向和 Y 方向的灰度矩作为兴趣点位置的描述，在邻近的金字塔结构中，采样得到尺度为 s 的图像变换模板，然后利用描述窗口的二阶统计矩拟合特征的位置。

（4）RAIPy MuDePoF 特征描述子

在特征点附近，需要确定一个描述邻域，并利用各阶描述量，从不同角度对特征进行充分描述，包括抗旋转投影梯度描述符和描述区域的直方图辅助描述。

① RAIPy MuDePoF 描述区域的归一化分析

在不同视角下，图像特征之间可能存在较大的变形，需要首先确定特征描述区域。于是，设计了建立在变化量指数半衰期基础上的仿射区域独立分量确定方法。

假设特征点的参考邻域可近似认为是一个椭圆 O_e，其长轴为 O_eR_1，短轴为 O_eR_s，如图 2-9 所示。

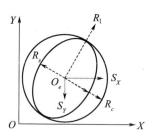

图 2-9　新的仿射不变伸缩型兴趣区域的确定示意图

如果将其短轴 O_eR_s 沿短轴方向扩展到 O_eR_c，其描述区域将接近圆形的归一化区域。如果变换前其在两轴上的投影累计量分别为 O_eS_X 和 O_eS_Y，则定义兴趣区域的长轴与短轴的比例为

$$a:b=\mid O_eS_Y\mid :\mid O_eS_X\mid ,a^2+b^2=s^2 \tag{2-59}$$

其中，s 表示参考区域对应点特征的尺度。于是，归一化的 $(x_N \quad y_N)$ 满足

$$(x_N \quad y_N)R(\theta) = (x \quad y)R(\theta)\begin{bmatrix} a & 0 \\ 0 & b \end{bmatrix} \tag{2-60}$$

$R(\theta)$ 表示相对于另一幅图对应特征之间的夹角，对于遥感影像而言，两幅图之间的 $R(\theta)$ 相对稳定。

为了解算恰当的 $a:b$，从参考点沿 0 度到 360 度射线进行兴趣区域的判断[63]，如果射线上某点的值处在判断值域的范围之外，就认为射线方向上该点以外的点全部处在兴趣区域之外。

极大兴趣区域的判别方法为

$$Region_{\max}(x,y,s) \in \{(x,y) \mid Bias(x,y,s) \geqslant Bias(x_0,y_0,s) \cdot e^{-a\sqrt{(x-x_0)^2+(y-y_0)^2}}\}$$
$$\tag{2-61}$$

其中，α 表示衰减因子，类似地，最小极值区域的判断如下

$$Region_{\min}(x,y,s) \in \{(x,y,s) \mid Bias(x,y,s) \leqslant Bias(x_0,y_0,s) \cdot e^{a\sqrt{(x-x_0)^2+(y-y_0)^2}}\}$$
$$\tag{2-62}$$

当兴趣区域 Ω 确定后，利用 Sinc-Dx 变换图和 Sinc-Dy 变换图快速拟合 $a:b$，即

$$a:b = \left[\sum_{x,y\in\Omega} Sinc(x-x_0,y-y_0,s)\mid Sinc-D_X(x,y,s)\mid\right]^{-1}: \tag{2-63}$$
$$\left[\sum_{x,y\in\Omega} Sinc(x-x_0,y-y_0,s)\mid Sinc-D_Y(x,y,s)\mid\right]^{-1}$$

这里，$Sinc(x-x_0,y-y_0,s)$ 相当于加权函数，上述操作迭代 3~5 次效果会更好，如果 $a:b$ 的比例偏大或偏小，则忽略该点（试验表明，当 $a:b>5$ 或 $a:b<1/5$ 时，特征间的变化已经非常悬殊，后续的重采样修正归一化区域效果对于三维目标变得较差）。

于是，可得到特征点 point(x,y,s,a,b)，从而确定特征的位置和形状。

协变区域的仿射不变算子，能够使变形得到一定程度的校正，也会一定程度上减弱特征的区分能力。因此，大部分图像匹配可用少数匹配特征求得最优放射变换后再进行匹配，该情形下取消对单个特征描述的放射变形可大幅度提高处理速度。

② RAIPy MuDePoF 描述区域的抗旋转投影梯度累积量描述符

偏微分 $\partial_x FI(x,y,s)$ 和 $\partial_y FI(x,y,s)$ 代表了局部影像的变化程度，是特征描述的重要信息，而描述区域的拓扑结构和描述量的组合可以提高匹配性能。这里，设计了抗旋转投影梯度累积量描述符，如图 2-10 所示，把特征模板分为两个同心圆环和一个内部圆区域，每块区域平均划分为 8 个部分。

统计每个拓扑子区域的 $Gd(t)$，$Gx(t)$ 和 $Gy(t)$，$Gd(t)$ 代表第 t 个方向上的径向投影梯度均值，对应于角度 θ_t，$\theta_t=(\pi/4)t+\pi/8$，$t=0,1,2,\cdots,7$，$Gy(t)$ 表示对应的切向投影均值。通常，以图像的梯度变化量最大的方向作为起始方向。如图 2-11 所示。

并以 $w(r)$，$w(r_x)$ 和 $w(r_y)$ 加权，r、r_x 和 r_y 分别表示距离特征点的距离、到 Y 轴和到 X 轴的距离，即

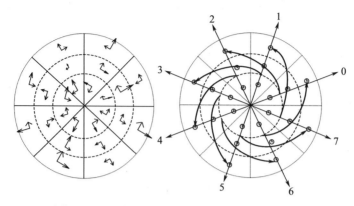

图 2 - 10　抗旋转变形的投影梯度扇形格描述结构

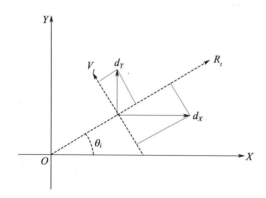

图 2 - 11　梯度分量的径向和切向投影分量示意图

$$Gd(t) = \frac{3}{Num_i} \sum_{i=0, i \in \Omega_t}^{Num_i} w(r) \sqrt{[SincDx\,(i)^2 + SincDy\,(i)^2]} \qquad (2-64)$$

$$Gx(t) = \sum_{i=0, i \in \Omega_t}^{Num_i} w(r_x) SincDx(i) \cdot \cos(\theta_t) + w(r_y) SincDy(i) \cdot \sin(\theta_t) \quad (2-65)$$

$$Gy(t) = \sum_{i=0, i \in \Omega_t}^{Num_i} - w(r_x) SincDx(i) \cdot \sin(\theta_t) + w(r_y) SincDy(i) \cdot \cos(\theta_t)$$

$$(2-66)$$

为了提高描述量的区分能力，将正投影和负投影分开存储，即按 $Gx\,(t)_+$，$Gy\,(t)_-$，$Gd(t)$，$Gy\,(t)_+$，$Gx\,(t)_-$ 顺序存储，例如

$$Gx(t)\,|_+ = \sum_{i=0, i \in \Omega_t}^{Num_i} [SincDx\,(i) \cdot \cos(\theta_t) + SincDy(i) \cdot \sin(\theta_t)]\,|_+ \quad (2-67)$$

$$Gy(t)\,|_- = \sum_{i=0, i \in \Omega_t}^{Num_i} [- SincDx\,(i) \cdot \sin(\theta_t) + SincDy(i) \cdot \cos(\theta_t)]\,|_- \quad (2-68)$$

然后，按图 2 - 10 右部分描述方式加入特征的描述向量，形成 120 维描述量；然后进行高斯平滑，将内层最大的统计量作为基准，将描述量旋转到描述子的最中心；如果在一定阈值范围内存在多个极值，为提高特征的再现率，可对一个点进行多个描述子描述。

（5）RAIPy MuDePoF 特征的匹配

① 特征间的数值匹配

匹配过程中，采用属性匹配和数值匹配相结合的方法以提高匹配速度。只有在特征属性一致的情形下，进行数值匹配，再计算特征间的相似性。

1）属性筛选匹配：在属性描述中，特征点的类型、极性、尺度以及预测分布区间等均可作为初始匹配时的筛选依据。也即，属性特征相同或相近的特征点不一定是同名点，需要进一步数值匹配；而属性特征悬殊的特征点一定不是同名点。

2）数值匹配：定义多维特征向量 X_A 和 X_B 之间的距离 $DIS(X_A, X_B)$ 满足

$$DIS(X_A, X_B) = \sum_{t=0}^{K} w(t) dis(X_1^t, X_2^t) \tag{2-69}$$

其中，$w(t)$ 为各描述量权重，$dis(X_1^t, X_2^t)$ 表示在第 t 个描述分量的相似程度。

属性匹配决定特征的分类信息，匹配仅发生在相同或相近属性的特征之间。当属性特征相同或相近时，再分别计算各分量的数值相似性，并依据上述的动态权值计算各描述分量的综合相似性。相似性度量的值越小，表示特征间越相似。

② 大尺度特征的匹配与可信度的估算

一定量大尺度特征的匹配，可以用来拟合影像间的大致变换关系，从而大幅度缩小全局匹配的搜索范围，降低不同分布空间相近特征之间的影响。同时，根据大尺度匹配特征的关系，确定特征间匹配距离阈值，根据匹配距离的约束确定相似特征，一定程度改善对重复纹理或相似特征的匹配效果。

按最近距离和次近距离比例，寻找搜索范围最相似的特征，在少量大尺度特征点之间的匹配过程中具有很强的适应性，而在特征较多尤其存在相似特征时，会损失很多本可以匹配的特征点对。于是，引入特征之间的可信度，当相似性程度小于阈值时，认为不匹配，当相似性大于该阈值时，定义特征之间的匹配相似程度，便于后期的解算和误点剔除。计算过程如下：

1）首先从两幅图中挑选一定比例的大尺度特征点，分别为 M 和 N 个；

2）分别计算特征间最近距离和次近距离，标记双向匹配后的最近距离和次近距离比值，建立统计直方图；

3）确定相似性度量的阈值。根据 RANSAC 方法，结合图像之间的变换关系，筛选和排除相应的匹配点，然后根据一致性较好的匹配点估算相似性度量的阈值 SIM_T，对应的最近距离和次近距离之比的参考阈值为 DR_T；

4）特征匹配和相似程度的计算。

试验表明，该方法在影像变形较小的情形下匹配效果较好，当图像间存在较大视角差异和变形时，性能下降。

③基于变换参数拟合引导的加速网格全尺度域特征匹配

根据少量大尺度匹配点，结合 RANSAC 方法拟合遥感影像间的变换关系（例如刚性变换、仿射变换、透变换等），预测待匹配特征在另一幅影像中所处的位置，结合加速网格匹配方法，在预测点的邻域窗口内进行特征匹配。

匹配时，采用上节中属性匹配和数值匹配结合，并利用大尺度特征匹配的统计规律，引导底层小尺度特征匹配的阈值，当特征间相似性程度小于阈值时，认为不匹配；否则，记录匹配的可信度。多次测试表明：大尺度特征之间的变形经过平滑采样后相对较小，而小尺度底层特征，受不规则三维景物和阴影影响比较普遍；所以，采用相同的描述子，大尺度特征匹配正确率较高。

④遥感影像的匹配与约束

匹配约束，用以提高系统的去歧义匹配能力和计算效率。例如[86,87]：核线约束、光照连续性约束、梯度连续性约束、视差限制约束、视差平滑性约束、顺序一致性约束、唯一性约束、相容性约束、统计学约束、拓扑关系约束、相关系数值约束、相关系数平滑性约束等。

针对遥感影像匹配的特点，设计了如下扩展型约束。

1）核线约束中的顺序一致性约束。在匹配约束方向上的对应行上，以匹配点在第一幅图中的 X 坐标，按升序排列匹配同名点。在一定的搜索窗口，如果匹配点的连线出现交叉，按照顺序一致性约束，则必存在误匹配点。故在邻近搜索窗口内统计该方向的一维视差，并以直方图数量加权（多数匹配点出现误匹配的可能性较小），去掉在该窗口内偏移统计量较大的不满足一致性规律的匹配点。

2）视差偏移曲线族平滑性约束。以稀疏匹配的同名点为基准，建立平滑的视差估计图，然后作为引导排除误匹配同名点。例如，在一定的范围内，通过初始同名点，动态搜索邻域（有最大统计半径限制）同名点，然后统计 X 方向和 Y 方向的平均偏移信息 $\overline{D_x}$ 和 $\overline{D_y}$，并分别在 X 方向和 Y 方向构建视差偏移曲线族。

依靠这种视差估计方法，一方面可以剔除异常匹配点（剔除偏离局部统计规律的 3 倍残差值，即 3σ 法；或者逐个剔除偏离统计规律最大的点，直到最大偏差小于一定动态阈值），另一方面，可以引导下一步的准稠密匹配。

试验表明，匹配过程中，采用阈值由大减小的双向误匹配剔除方法，会得到更可靠的匹配效果，该方法也可推广到视差角度和梯度模值等约束。

2.3.3 其他典型匹配算法（算子）

（1）SURF 算法

SURF 算法[88]的主要思想是：首先构建尺度金字塔，在尺度金字塔中求取 Hessian 矩阵，为提高速度，采用方框滤波近似代替二阶高斯滤波，采用积分图像加速卷积，通过扩大方框的大小形成不同尺度的图像金字塔，然后在尺度空间检测 Hessian 矩阵响应值 ΔH 的极值点

$$\Delta H = D_{xx}D_{yy} - (0.9D_{xy})^2 \qquad (2-70)$$

其中，D_{xx}，D_{yy} 和 D_{xy} 分别为方框滤波模板和图像卷积后的响应值。然后，以邻域内 Haar 小波响应的加权最大值作为特征的主方向，实现抗旋转性能。并以邻域内小波响应的主方向和垂直方向的局部统计量 $\sum d_x$，$\sum d_y$，$\sum |d_x|$ 和 $\sum |d_y|$ 形成特征描述

量，最后采用最近和次近距离进行匹配。

文献［89］在 SIFT 算法融入了 SURF 算法的思想，在 Hessian 矩阵的生成过程中融入了彩色信息，一定程度提高了算法的速度和区分能力。

（2）DAISY 算子

如果前期的同名点中有误匹配点，则对后续的影响很大，并且三角化构网的可信度与实际地面的平滑程度很有关系。所以全局的匹配尤为重要。鉴于 SIFT 和 GLOH 算法的空间运算量较大，时间开销也很大。基于 SIFT 算法和 GLOH 算法的思想，文献［90］提出 DAISY 算子，其描述区域如图 2 - 12 所示，通过建立八个方向的梯度地图（如果梯度为负值，为保持极性，取 0），然后与高斯函数卷积；金字塔建立方向地图（orientation maps），结合圆形描述窗口，生成 200 维特征向量用以描述特征点，并通过特征点进行匹配，如图 2 - 13 所示。文中还考虑了边界以及遮掩对匹配的影响。并能够处理低分辨率图像，获取较理想的高程信息。在处理速度和质量上，取得了较好的效果，从而降低了时间开销。然而，算法没有考虑特征点的定位问题以及定位精度问题；同时，其快速匹配是建立在单尺度分析基础上的。

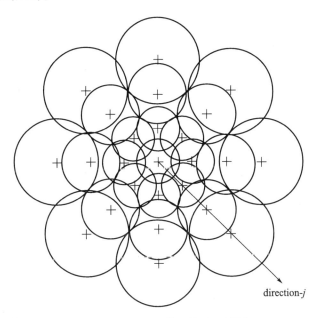

direction-*j*

图 2 - 12　DAISY 算子描述区域图

（3）基于仿射不变特征的匹配算法

典型不变量[54]特征有[10,100]：1）基于代数不变性的不变矩，如 Hu 矩、仿射不变矩等；2）基于时频不变性的不变量，如图像的傅立叶变换系数、小波变换系数等；3）基于统计不变性的纹理不变量，如基于图像纹理共生矩阵的熵、分形维数等；4）基于仿射几何的几何不变量和透视不变矩等，当目标的尺寸远小于目标到相机的距离时，射影变换可由仿射变换近似。

尺度分析法给特征点引入了大小的界定，而仿射不变特征的引入增加了对点特征形状

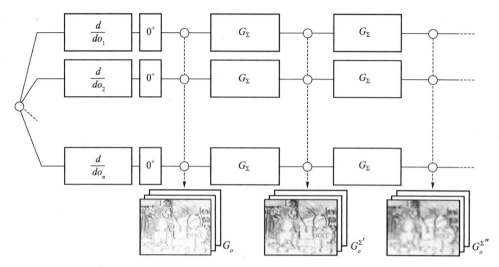

图 2-13　方向滤波处理示意图

的界定，使得匹配算法具有一定的仿射协变特性。文献［91］在特征描述中增加了椭圆切向约束，并给出了椭圆区域描述的解析方法。文献［92］通过不变矩构造协方差矩阵，以局部图像质心作为椭圆中心，以协方差矩阵的两个特征向量为椭圆的两轴，以特征值的平方根倍数增加椭圆区域，实现了一种仿射不变特征检测算子。文献［63］依靠边界和灰度区域两种方案，通过不变区域实现宽基线下图像的匹配。文献［62］证明了 Hessian 矩阵对特征协变区域估计的可行性，利用 Hessian 矩阵的迹作为尺度估计量。文献［93］首先检测多尺度下的稳定特征点，然后在其周围采用仿射不变特征描述，最后实现匹配。文献［94］提出了一种基于仿射不变局部特征的同心椭圆影像匹配算法。文献［95］采用三大步骤，即仿射不变特征的提取、基础矩阵的 SVD 分解法求取、核线约束下的匹配。文献［30］将 MSER 算子和 SIFT 特征描述符集成，并结合区域熵判据，实现了一种仿射不变特征的组合算法。文献［96］基于 SIFT 算法，结合区域椭圆描述算子、全局信息和颜色信息，并在特征描述中采用极坐标下的统计直方图，实现了一种仿射协变的匹配方案。文献［97］对边缘点特征的提取做了进一步改进，将系列描述与处理方法变换到扇形区域，对背景的影响有一定的适应性。文献［98］对匹配点周围区域的局部共面性进行判断，对于满足局部共面性的区域，利用仿射变换获得更多匹配点；对于不满足共面性条件的区域则利用核线约束进行匹配传播，该方法在图像的共同可见区域产生了更多的匹配点。

通常，基于时频不变性和统计不变性理论的不变量一般只具有尺度、旋转和平移不变性，而不变矩提取方法和基于仿射几何的几何不变量提取方法大都具有完全仿射不变性。不变矩常需要对目标进行完整的分割，尤其是高阶统计矩，受噪声影响较大，区分能力较差，计算量大、耗时，致使其使用范围受限。

（4）基于视角变换的匹配算法

视角变换前提是：特征区域共面且相对固定，影像间对应特征重现。文献［99］提出 Affine SIFT 算法，假定相机在成像平面很远的位置，并且在物体平面的平行位置平移，通过不同角度采样图像的方法，进行尝试匹配。如图 2 - 14、图 2 - 15 所示。

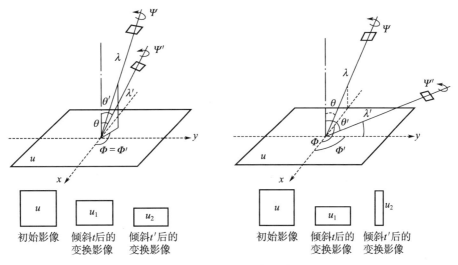

图 2 - 14 不同视角的角度分解图

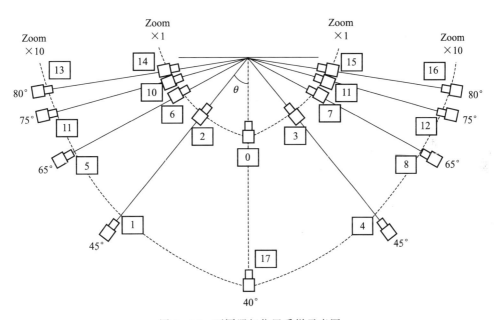

图 2 - 15 不同照相位置采样示意图

算法对不同视角下平面目标的匹配效果较好。而对三维目标、透视变形较大或视角变化很小的像对，不会改善匹配效果，而且运行速度较慢。

（5）基于矩阵处理的匹配算法

文献 [100] 在分析传统 SVD 匹配算法不足的基础上，改进了邻近矩阵的度量方式，设计了一种基于奇异值分解的宽基线自动匹配算法。文献 [101] 采用相关性角度补偿代替了多次平滑卷积求主峰以确定特征点主方向的方法，并以归一化互相关值构建矩阵，判断匹配的准确程度。

基于矩阵处理的匹配方法中还有图谱论（利用描述向量生成特定矩阵，然后以矩阵的特征值和特征矢量，表述点集的全局结构）、KL 特征匹配算法等，其计算量较大。

（6）多尺度形态学匹配

文献［102］提出拓扑编码识别符，如图 2-16 所示。

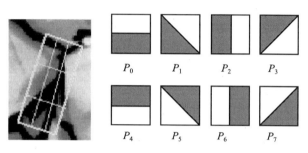

图 2-16　方向拓扑编码核示意图

文中给出使用该算子的三个理由：1）该特征可以反映点特征周围梯度和灰度的变化；2）该特征能够适应旋转、尺度和伸缩变化；3）算子简单，有利于迭代求解。

类似地，文献［103］提出 KPB-SIFT（Kernel Projection Based）算法，对特征区域进行编码，并由投影方法代替了高斯平滑的方向求取。其编码核如图 2-17 所示。

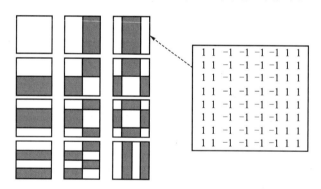

图 2-17　文中的拓扑基元示意图

文献［104］采用 LBP（Local Binary Patterns）法对 SIFT 算法进行降维，如图 2-18 所示。

7	5	2
9	7	6
8	9	10

(a) 3×3邻域

1	1	1
0		1
0	0	0

(b) 二值化后的结果

1	2	4
8		16
32	64	128

(c) 每个点对应的权值

1	2	4
0		16
0	0	0

(d) (b)和(c)中对应点相乘结果

图 2-18　LBP 法区域编码示意图

　　先将参考点周围二值化，然后与模板相乘，最后将模板的值相加，即得到 LBP 值。

　　此外，文献［105］指出，梯度方向角对光照具有稳健性，于是先求图像的梯度方向编码图，然后构造仿射不变量，并在仿射变形程度较小时，取得较好效果。

　　一些形态学的匹配算法，在图像变形较大、存在较明显模糊等条件下，表现出较好的抗噪性能和速度优势。

　　（7）基于方向滤波和梯度描述的匹配算法

　　文献［38］提出方向高斯窗，使得梯度描述具有各向异性，从而求得更高精度的梯度信息用以描述特征点邻域或参考模板的特征变化。

　　文献［106］通过小窗口与 Gabor 滤波器组卷积提取特征，并通过 Laplacian 边投影将特征降维，然后在最有区分性的窗口选择特征。

　　对于滤波类匹配算法，通常和尺度分析连接在一起，会一定程度改善图像的描述质量，但难免会破坏一些图像的细节。

2.3.4　一些典型匹配算法的性能分析

　　随着人们对匹配和识别技术需求的提高，匹配算法的性能也实现了逐步的发展和进步。从早期的特征点检测和抗旋转特性，发展到特征的尺度空间分析，并实现了一定程度视角变化的适应性，而仿射协变区域、特征不变量和特征区域的引入，将点特征延伸到点状区域特征，给点特征赋予了尺度和拓扑形状，并通过各种变换域和描述方法逐步提高了描述子的匹配性能。在这个过程中，涌现了一些典型的匹配算法，通常来讲，可从重现率、稳定性、算法复杂度（速度）和精确性（定位精度）等性能[54]进行比较分析。

　　文献［61］对比研究了当前常见的几种仿射不变特征提取算法，包括 Harris - Affine 算子、Hessian - Affine 算子、MSER 算子、EBR 算子、IBR 算子和 Salient Regions 算子，指出：随着视角变化的增大，这些算子的性能都以类似的速率衰减；尚没有一个算子可以很好地处理所有类型影像和特征变化；在大多数情况下，MSER 算子性能最佳，Hessian - Affine 其次；MSER 算子对于含有相似区域并有明显边界的影像效果较好，IBR 算子也具有类似的特性；Hessian - Affine 算子和 Harris - Affine 算子相对其他算子，可以检测出更多的特征区域，这一特性有利于有遮挡或紊乱情况的影像匹配；EBR 算子适用于交叉边界较多的影像匹配；Salient Region 算子性能相对较低。

　　仿射不变量特征提取算法的不足有：1）其理论上可以提高特征的重现率，但降低了特征的区分能力，并经常引入人为变形，例如，一些仿射不变算子的性能落后于 SIFT 和 GLOH 等算子；2）仿射不变特征的性质较好，但仅适用于平面或连续变化的可见区域；3）其与区域的选择和加权策略有关，对图像的模糊和噪声敏感，一些参与的高阶统计量稳定性不好；4）算法复杂度高，大幅度增加了匹配的时间开销。

　　文献［85］通过对比研究 CF（Complex filters）、Steerable filters（SF）、differential invariants（koen）、SIFT、PCA - SIFT、Shape context（SC）、GLOH、Cross -

correlation（cc）等算法，发现三种算法胜出：SIFT 最能分辨类别特征；koen 最能分辨内部特征；而 SC 是两者的折中。在比较简单的数据库里，建议选用 SIFT 描述向量。在高维的描述子中，性能的优劣次序为[41,105]：GLOH＞SIFT＞SC，其中，SC 算子虽然性能较高，但对于纹理丰富和边缘不稳定图像，性能大大降低。对于低维特征描述子，矩不变量和方向可调滤波器 koen 可以获得较好的性能。Cross - Correlation 性能不稳定，对于定位精度很敏感。文献［107］通过实验得出类似结论，并指出 Hessian affine 和 DOG 算子的结合往往能达到较好的效果。

　　针对 SIFT、Colour SIFT 和 SURF 算法，文献［108］进行了评估和分析，并指出它们具有相当的匹配精度，相比之下，SIFT 和 Colour SIFT 更能适应视角和距离的变化，而 SURF 算法对图像的模糊和光照条件变化更为有效[109]。从运算量上讲，SURF 是一个合适的替代。文献［110］研究表明，DOG 更像 Hessian 矩阵的迹，更好的算法有待继续研究，DOG 和 SIFT 或 DAISY 结合，效果比较好。

　　通常来讲，基于区域相关的匹配算法稳定性好，可信度高，但计算量大，速度慢，只适用于小变形像对，对图像的畸变和噪声敏感。基于特征的匹配算法，计算量小，速度快，适用于唯一性好、相互独立、稳定性好的特征，当图像变形较大时，匹配质量下降，并易受到一些遮挡、阴影等因素的影响。基于微分和高阶导数的检测子，可以实现对图像位移变化的稳健性，但对视角变化和噪声比较敏感。具有各向同性的微分算子可以适应图像的旋转变化。尺度分析法和特征检测子的结合常使得匹配具有一定尺度变化的适应性。一些针对特定形状，例如圆形和椭圆形的检测子对该类的点特征具有较高的定位精度，而对其他类型角点却无能为力。基于频谱特性的算法往往对旋转比较敏感；基于神经网络的匹配算法往往需要大量的数据进行训练，匹配的普适性较弱。

表 2 - 1　典型匹配算法特点

算法类型	主要优点	存在不足
基于区域相关	稳定性好,可信度高	计算量大,速度慢,适用于小变形像对,对图像的畸变和噪声敏感
基于特征匹配	计算量小,速度快	适用于唯一性好、相互独立、稳定性好的特征。受变形和成像质量影响大
基于微分和高阶导数检测子	对图像位移变化比较稳健;各向同性的微分算子适应旋转变化	对视角变化和噪声比较敏感
尺度分析法和特征检测子相结合	尺度变化适应性	运算量大,可匹配特征相对较少
特定形状检测与匹配	对特定形状匹配效果好、定位精度高	适应性有限
基于频谱特性	整体匹配精度较高	对旋转比较敏感,适合重叠度较大的图像
基于神经网络	对训练过的特征匹配效果好	普适性较弱

　　匹配的分析空间和模型非常重要。透彻理解图像的成像机理、误差来源和约束关系

是进一步高效匹配的关键。需要善于采用时域、频域、同态信号处理等有效的图像分析和处理方法，优化匹配的各个环节。在高分辨率遥感影像匹配中，随着视角的改变，在噪声和变形等因素的影响下，一些较好算法（例如 SIFT 算法）的重现率仍然很低[111]；当图像中的相似特征较多时，一些算法的可区分性大大下降；当场景或相机存在大角度三维变换时，一些算法的性能大幅度下降。另外，一些算法对小尺度特征的描述和区分能力较差；同时，一些较好的检测子常具有较高的算法复杂度，不宜用于一些实时性较强的场合。

　　分别将 RAIPy MuDePoF 匹配算法与 sSIFT（轻量级 SIFT 匹配算法），SURF 和 MSER－SIFT 算法进行比较，测试图采用 Oxford dataset 的标准数据和一些较大畸变、尺度差异的影像，部分测试图如图 2－19 所示。

第1组　　　　　第2组　　　　　第3组　　　　　第4组　　　　　第5组

图 2－19　测试中的部分影像对缩略图

　　第 2、3、5 组来自 Oxford dataset，尺寸分别为 800×640，850×680 和 1 000×700。第 1 组为具有一些重复特征的、尺度变化下的某建筑物照片，尺寸为 4 000×3 000；第 4 组为一组具有较大视角变化和畸变下的近景像对，尺寸为 4 000×3 000；测试环境为 VS2005 VC++，PC 机内存 3.6 GB，主频 2.93 GHz。

　　图 2－20 为 RAIPy MuDePoF 匹配算法部分匹配效果，为观看方便，在同名点的显示过程中，使用了密度自动控制。

　　图 2－21 分别为图 2－19 中第 1、2、3、4、5 组图片的处理性能比较。

　　相比 sSIFT，SURF 和 MSER－SIFT 算法，RAIPy MuDePoF 算法能够得到较多的匹配点数，匹配正确率较高，对于具有重复纹理的影像具有一定的适应性，对噪声、图像模糊、旋转和视角不同等影响具有较强的适应性，匹配速度较快。对于特征比较复杂、重复特征较少的影像，匹配效果与 MSER－SIFT 算法相当，而优于 SURF 算法。

　　由于高分辨率遥感影像的像素尺寸较大，一些现有算法不能直接处理，为了进行性能对比试验，从典型遥感影像中截取部分进行验证和比较分析。如图 2－22 所示，带 "＋" 方框尺寸均为 1 000×1 000 像素。其中，a）来自线阵推扫式遥感影像两轨前视图截图，像素分辨率约为 120 m/pixel（m/像素）；b）来自威海某鉴定场的航拍影像，原始分辨率为 3 328×4 992 像素，像素分辨率约为 0.06 m/pixel；c）来自保定某鉴定场的航拍影像，

(a)尺度变化和重复特征下RAIPy MuDePoF匹配算法效果　　(b) 视角变化和尺度变化下RAIPy MuDePoF匹配算法效果

(c)匹配算法在扭曲和仿射变形下的匹配效果　　(d)图像模糊和光照不同下RAIPy MuDePoF匹配算法效果

图 2-20　RAIPy MuDePoF 匹配算法效果（自动密度控制显示）（见彩插）

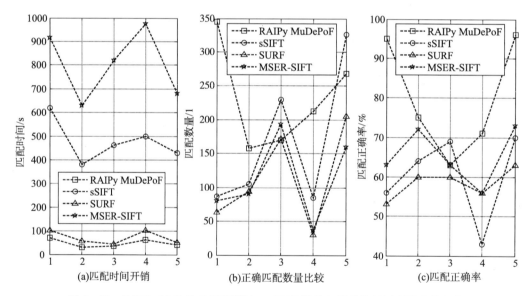

(a)匹配时间开销　　(b)正确匹配数量比较　　(c)匹配正确率

图 2-21　RAIPy MuDePoF 匹配算法、sSIFT 算法与当前较好匹配算法的比较

尺寸为 8 956×6 708 像素；d) 为胶片的数字扫描影像，尺寸为 4 864×4 864 像素；e) 为线阵推扫式月图遥感影像截图，像素分辨率约为 7 m/pixel；f) 来自威海某鉴定场的航拍影像，像素尺寸为 8 956×6 708 像素；g) 来自威海某鉴定场的高分辨率遥感影像，真彩图，单色分量的灰度级为 65 535，尺寸为 8 956×6 708 像素。

　　为了更好地测试算法在角度、尺度变化条件下的匹配效果，对图 2-22 像对中的右图做了尺度和角度变化处理（左图不变），处理参数见表 2-2，变换后的几组测试图如图 2-23 所示。

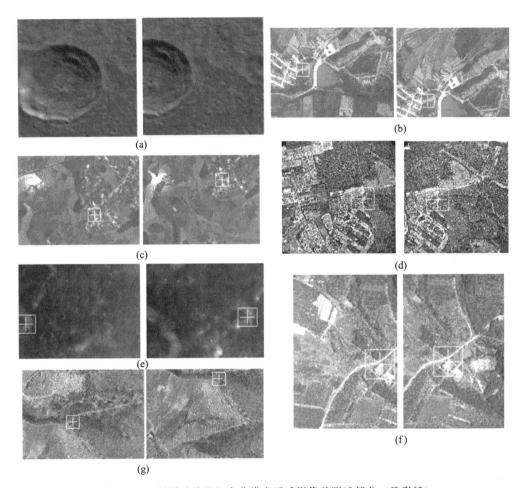

图 2 - 22 所测试的几组高分辨率遥感影像及测试部分（见彩插）

表 2 - 2 局部截获遥感影像像对中右图的尺度和角度变换参数

影像编号	变换参数		影像编号	变换参数	
	尺度（倍）	角度（度）		尺度（倍）	角度（度）
（a）	0.95	15	（e）	1.3	8
（b）	0.6	15	（f）	1.2	3
（c）	1.0	0	（g）	1.0	0
（d）	0.8	-5			

分别采用 SIFT、SURF、sSIFT、RAIPy MuDePoF 算法对图 2 - 23 所示影像进行匹配。

就正确率而言，结合表 2 - 3 可知，RAIPy MuDePoF 和 sSIFT 算法的匹配正确率很高，SIFT 算法和 SURF 算法其次，针对大角度旋转目标时，SURF 算法的稳健性和匹配正确率明显下降。对于 RAIPy MuDePoF 和 sSIFT 算法，搜索策略的约束和匹配范围的限制提高了算法的可靠性，算法的正确率和匹配数量具有明显优势。而在没有一致约束的情

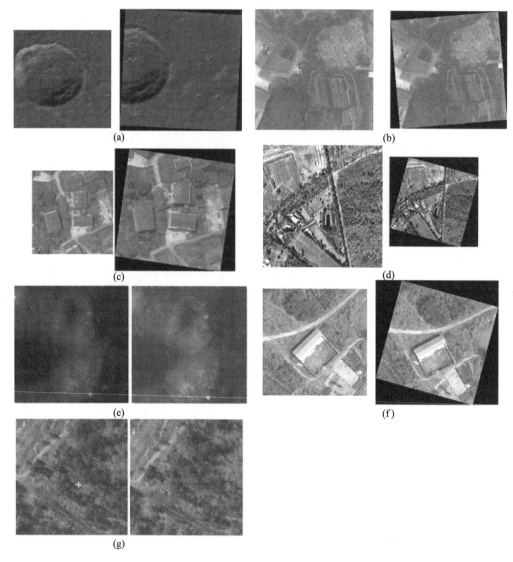

图 2 - 23　截获图像变换处理后的几组测试像对（见彩插）

况下，或在相同的引导约束和匹配策略下，SIFT 算法的匹配能力也很强，在某些场合甚至超过其他几种算法，而 SURF 算法在处理主要存在平移变化的影像时，表现出较快的速度和较好的性能。

表 2 - 3　几种算法的匹配正确率比较

	SIFT 正确率	SURF 正确率	sSIFT 正确率	RAIPy MuDePoF 正确率
(a)	0.933 333	0.755 556	0.931 275	0.990 099
(b)	0.798 337	0.692 308	0.952 457	0.988 177
(c)	0.876 106	0.554 264	0.800 000	0.973 563
(d)	0.378 122	0.134 357	0.974 342	0.952 346

续表

	SIFT 正确率	SURF 正确率	sSIFT 正确率	RAIPy MuDePoF 正确率
(e)	0.988 000	0.962 420	0.942 853	0.968 220
(f)	0.323 760	0.380 227	0.535 356	0.752 518
(g)	0.492 891	0.251 058	0.700 000	0.616 859

结合表 2 - 3 中数据，RAIPy MuDePoF 和 sSIFT 算法在处理遥感像对时，平均的初始匹配正确率在 80% 以上。可预知，在小视角变化、短基线和小尺度变化下的遥感像对中，平均的初始匹配正确率会更高。

对于匹配算法的时间开销，与特征点数量密切相关，当所检测特征的数量增多时，匹配算法的时间开销增大。相比之下，见表 2 - 4，对于小尺寸遥感影像，SURF 算法速度最快，SIFT 算法的速度较慢，sSIFT 和 RAIPy MuDePoF 速度适中。随着影像尺寸的增加，SURF 算法和 SIFT 算法的匹配时间成指数增长，而 sSIFT 算法和 RAIPy MuDePoF 算法利用大尺度同名点拟合图像变换参数，然后引导特征点在特定搜索区域内匹配，匹配速度明显优于 SIFT 和 SURF 算法。尤其对于大尺寸、特征数量较多的影像，sSIFT 算法和 RAIPy MuDePoF 算法的速度优势将逐渐彰显，同时，搜索范围的限制也排除了一些其他区域相似特征的相互干扰和泯灭。对于大尺寸高分辨率遥感影像，特征属性的约束和匹配加速网格的使用，大幅度降低了算法的时间开销，随着特征数量增加，匹配过程中的时间开销由通常的指数型降为线性，并由 N 个属性约束，在此基础上又将匹配时间降低到 $1/2^N$。

表 2 - 4　几种算法的时间开销比较（s）

	SIFT 时间开销	SURF 时间开销	sSIFT 时间开销	RAIPy MuDePoF 时间开销
(a)	10.983	17.955	13.775	13.978
(b)	48.220	6.396	12.995	40.482
(c)	53.150	13.661	21.918	59.109
(d)	35.287	84.225	26.411	27.207
(e)	18.064	2.028	19.235	21.091
(f)	99.809	42.500	26.301	72.852
(g)	97.032	18.128	19.531	50.482

大量的测试和试验也表明：1）仿射不变算子常会损失一些特征，在仿射变形调整时，一部分特征的邻域调整失败，这说明，一部分特征不宜按椭圆的对称型区域近似，在视角变化不显著时，不启用仿射协变区域调整会提高算法的再现率和匹配正确率；2）异构金字塔层次间的尺度间隔不能太大，否则，会损失很多特征点；3）较大程度的平滑或滤波会破坏图像的梯度信息，从而减小特征间的区分能力，因此，平滑窗口的大小、平滑程度和尺度相称即可；4）算法实现中可采用异构翻滚金字塔，除保留必要的公用数据外，异构金字塔中仅保留三层用于特征点检测、定位与描述；当该层次金字塔数据处理完后，删

除底层数据，自动产生较大尺度的数据层，从而大幅度节省内存开销；5）很多影像数据在 X 和 Y 方向上并非完全相互独立，卷积窗的效率和处理速度需要折中。

2.4 误匹配剔除

通常，可以利用匹配约束大幅度减少误匹配点，然而，其效率和能力仍然非常有限，本节重点针对误匹配剔除处理进行研究。

2.4.1 误匹配剔除算法现状与分析

准确率一直是影像匹配中的瓶颈问题，误匹配难免存在。通常误匹配有两类：一是错误定位造成的误匹配点，这通常由图像中的噪声和定位算子性能引起；二是错误匹配，常由非匹配点的局部相似性等造成。如果前期的初始同名点中有误匹配点，尤其当数量较多时，对后续的相机参数估算、相对定向等影响很大，直接制约自动化处理的进程。

对于高分辨率影像，投影关系通常因密度、光照、变形、各种地形引起的较大畸变等而不同，很难完全做到用一个整体的参数或模型来描述图像间的变换关系[112,113]，而粗差污染常常使得统计规律[86]很不可靠，使最小二乘估计稳健性非常差[114]，粗差探测与识别统计以及平差问题中粗差的局部分析法，能够有效地排除常见粗差，然而在粗差所占数据的比例较大或接近样本一些统计量时，处理效果会有所下降。通常的 RANSAC 过程逐步排除视差较大的点或距离核线较远的点，然而，匹配过程中相机内外参数的预测、核线几何的确定等，往往需要初值，其容易受到一些外点的影响[51]，这是一个内在的难点，导致很多算法不收敛，或者收敛的门限很宽。同时，RANSAC 算法在确定模型的质量和收敛条件上依旧存在问题[115]，误匹配的存在，可能会导致整个解算值的偏离，或者算法收敛于局部极值，尤其当部分外点的分布符合一定规律时，对算法的影响更大。对匹配增加一些约束条件，例如仿射变换约束、视差平滑性约束、空间解算高程约束等，能够有效降低误匹配的概率，而这些约束的建立通常会受到正确匹配点与错误匹配点的相互影响。文献［96］指出，基于同名点对应关系的方法往往不能保证变换的无偏性，一般不适用于大形变影像，但基于局部拓扑结构的处理方法值得挖掘。为了在一些较复杂场合提高匹配率，文献［116］采用了一种依靠周围分布的初始同名点的轨道式分布特性，剔除一些误匹配，该方法对参考点周围变形较小且分布较多初始同名点时具有较好的效果。文献［117］采用拓扑相似性度量的方法，利用五个拓扑相似性约束条件，可在一定程度去除由于灰度或梯度分布相似性导致的误匹配，然而，该方法中错误点对正确点的影响较大，稳健性因图像的质量和景物特点而有明显差异，也会牺牲很多正确的匹配点。

为尽量降低正确同名点被判为误匹配点的概率，并在尽可能降低误匹配被判为正确的概率的同时，减少处理过程中误匹配点和正确匹配点之间的相互干扰，受定位原理的启发，在不需要相机参数和相对定向的情形下，提出一种遥感影像自动匹配中的反定位误匹配剔除算法（Reverse Positioning Refining Algorithm，REPORAL）。研究工作的前提是，影像间已经采用一些特征点提取与匹配算法进行了初始匹配；目的是，在不同初始正确匹配率下，尤其是初始匹配率较低时，消除匹配中的误匹配同名点。

2.4.2　反定位误匹配剔除算法原理与描述

典型的定位系统有 GPS，GLONASS，"伽利略（GNS-2）"系统和北斗卫星导航定位系统等[118]。其基本原理是通过测量多颗卫星与观测点之间的距离，在已知卫星空间位置的条件下，通过联立测距方程解算观测点的坐标。在无线传感器网络[119]中，常用地面基站充当卫星以实现局部定位，通过排除测距方程或系数矩阵中的近似线性相关量和不一致量，可实现高精度测距定位[120]。

在平面中，假设观测点的坐标为 (x, y)，其与各测站 (x_i, y_i)，$i=1, 2, 3, \cdots$ 的距离分别为 $s+s_i$，$i=1, 2, 3, \cdots$，v_0 为测距时载体的传播速度，$t+t_i$，$i=1, 2, 3, \cdots$ 为传播时间（差）的观测值，则

$$\begin{cases} (x-x_1)^2+(y-y_1)^2=(s+s_1)^2=[v_0(t+t_1)]^2 \\ (x-x_2)^2+(y-y_2)^2=(s+s_2)^2=[v_0(t+t_2)]^2 \\ \cdots \\ (x-x_i)^2+(y-y_i)^2=(s+s_i)^2=[v_0(t+t_i)]^2 \end{cases} \quad (2-71)$$

将上式逐两项相减，整理出未知数的系数矩阵 $\boldsymbol{A}^*$，常数项向量 $\boldsymbol{b}^*$，并采用适当的加权策略，则可利用最小二乘解算出未知点坐标。已知平面上观测点与三个基站（或具有测距能力的锚节点）的距离即可确定平面空间点的位置。

如果不考虑影像的变形、视角变化和误匹配，在一幅图中的点与其周围不共线的 3 个点到另一幅影像对应点的距离信息和该三个点的像素坐标，可在另一幅图中唯一解算该点对应的像素位置。然而，误匹配在所难免，具有重叠区域的图像间也难免存在变形。为了排除错误的匹配点，尽量保留正确的点而不受误匹配点的影响，首先假设在第一幅图中的匹配点均正确，在第二幅图中的匹配点采用"测距信息"（即参考点与邻近点之间的像素距离）限制下的筛选式定位，进行一致性判断，如果距离的变化在测距误差范围内，则保留，否则为误匹配。图 2-24 示意了两块匹配图像同名点的局部分布（10 对），分别对应左右两图的点为 $[A_i, B_i]$，将它们用虚线相连。

$[A_i, B_i]$，$i=1, 2, 4, 6, 7, 9, \cdots$ 为正确的匹配点，$[A_i, B_i]$，$i=3, 5, 8, \cdots$ 为误匹配点。对于其中任意正确匹配点，其周围的测距信息的正确率大于或等于参考区域的初始正确匹配数量（如果其中某些误匹配点在自己的正确"测距"圆上活动时，周围的测距信息的正确率将大于初始正确匹配率）；而对于错误匹配的点而言，其周围测距信息的正确率接近 0，除非某些随机分布的误匹配点正好落在正确"测距"圆上，或者该点正好落在某个正确匹配点对应的测距圆上，因为平面上不共线 3 点及距离信息唯一确定平面空间一点，所以这种巧合的极限值一般不会超过 3 个。

因此，对于 A 图中的任意点 $A_i[x_A(i), y_A(i)]$，B 图中对应的同名点 $B_i[x_B(i), y_B(i)]$，假设这 10 个点均在有效处理范围内。对于遥感影像，假设 A 图中的两点距离和

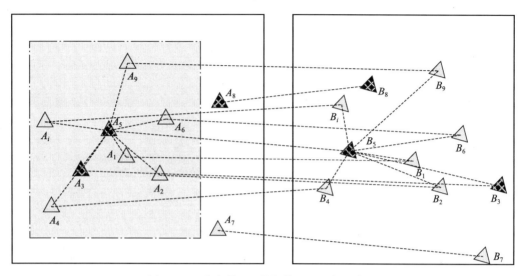

图 2-24　含有误匹配的初始匹配局部示意图

对应 B 图中两点距离有如下对应关系

$$L_B(i,j)=(s+k)\cdot L_A(i,j)+n(i,j) \qquad (2-72)$$

其中，k 为形变系数，或者测距比例误差，表示图像的变形与参考点对之间距离的大致比例关系；$n(i,j)$ 表示随机噪声；s 表示匹配区域的局部尺度比例因子。对于局部遥感图像来讲，尤其是相同航线的相邻航片，s 接近 1。对于线阵相机，如果未进行畸变校正，图像局部变形较大，可以放宽 k；对于其他不同尺度的图像，可建立 $L_B(i,j)/L_A(i,j)$ 的局部统计直方图，由于其他尺度接近随机分布，而正确匹配点间的尺度接近一致分布，故可统计得到最接近的尺度比例，在统计信息中，只有一个未知数，不存在多参数间的相关性影响，故可以稳健地确定尺度因子 s。对于透视变形较小的像对，可认为整个图像全局间的尺度变化近似一致，无需多次求解。于是，定义误差函数

$$e(i,j)=\big|[L_B(i,j)-s\cdot L_A(i,j)]\big|-\big|[k\cdot L_A(i,j)+n(i,j)]\big| \qquad (2-73)$$

设 ε 为一个相对较小量，当 $e(i,j)>\varepsilon$ 时，认为"测距"信息不合理；否则，认为距离范围合理。假设当前处理区域的同名点的总数为 N，初始匹配正确率为 η。然后统计测距范围合理的数量和不合理的数量，如果不合理的点的数量超过 m（$m\geqslant4$）时，认为该点为误匹配点，记为 REPORAL 排除法；如果正确的点的数量大于或等于 3，认为该点合理，记为 REPORAL 优选法。通常情况下，为了提高算法速度，只要未被排除掉，或者被优选，就认为其为正确的匹配点。

对于具有一定视角变化、尺度变化和一些地形变化比较剧烈的立体像对，可在局部进行仿射变换拟合，用上述方法在较大的测距误差容限下提炼得到一些可靠性比较高的点，然后用这些匹配点采用 RANSAC 算法拟合图像间的变换关系，记为 $F_{A\rightarrow B}$，然后定义新的变换距离误差函数

$$L_B(i,j)=(1+k)\cdot F_{A\rightarrow B}\{L_A(i,j)\}+n(i,j) \qquad (2-74)$$

并缩小测距误差容限再进行 REPORAL 算法处理。

2.4.3　REPORAL 算法性能分析

若参考矩形区域的内接圆半径为 R ，$L_A(i_0,j_0) \leqslant R$ ，如果误匹配点在处理区域内随机均匀分布，即 $L_B(i_0,j_0)$ 的概率密度函数 $\rho(x,y)$ 满足

$$\rho(x,y)=1/(4R^2),\begin{cases} x \in [x_B(i_0)-R,x_B(i_0)+R] \\ y \in [y_B(j_0)-R,y_B(j_0)+R] \end{cases} \quad (2-75)$$

若随机噪声 $n(i,j)$ 的均值为 r ，记 $L_B(i_0,j_0)$ 为 l 。

对于 REPORAL 排除法，经过排除法处理后，设 $p_1(T)$ 表示最终判断为正确的概率，$p_1(T\mid F)$ 表示为误匹配点被判断为正确的概率，$p_1(F\mid T)$ 表示正确的匹配点被判断为误匹配的概率，则

$$p_1(T)=\eta[1-p_1(F\mid T)]+(1-\eta)p_1(T\mid F) \quad (2-76)$$

其中

$$p_1(F\mid T)=\begin{cases} (1-\eta)\left[1-\dfrac{4\pi l(k \cdot 1+r)}{4R^2}\right]^m & \text{if } N(1-\eta)>m \\ 0 & \text{else} \end{cases} \quad (2-77)$$

即，仅当在 $N(1-\eta)>m$ 的情形下，并且数量为 $N(1-\eta)$ 的错误同名点中，超过 m 对同名点分布在合理的测距圆环之外，该圆环区域的外半径和内半径分别为 $\pi l+(k \cdot l+r)$ 和 $\pi l-(k \cdot l+r)$ ，由于

$$\begin{aligned} E[l(k \cdot l+r)] &= k \cdot E[l^2]+r \cdot E[l] \\ &= k \cdot \frac{R(R+1)(2R+1)}{6R}+r \cdot \frac{R(R+1)}{2R} \\ &= \frac{k}{6}(R+1)(2R+1)+\frac{r}{2}(R+1) \end{aligned} \quad (2-78)$$

故 $p_1(F\mid T)$ 的数学期望 $E[p_1(F\mid T)]$ 满足

$$E[p_1(F\mid T)]=\begin{cases} (1-\eta)\left[1-\dfrac{2\pi}{6R^2}(R+1)(2R+1)-\dfrac{\pi}{2R^2}(R+1)\right]^m & \text{if } N(1-\eta)>m \\ 0 & \text{else} \end{cases}$$
$$(2-79)$$

类似地，错误的匹配点中存在正确匹配的情况下，仅当该点邻域正确的同名点的数量小于 m 时，并且错误的点中分布在有效测距圆环范围之外的数量小于 $m-N\eta$ ，即其中分布在合理测距圆环范围之内点的数量超过 $N(1-\eta)-(m-N\eta)=N-m$ 对，即

$$p_1(T\mid F)=\begin{cases} 0 \\ (1-\eta)\left[\dfrac{4\pi l(k \cdot 1+r)}{4R^2}\right]^{N-m} \end{cases} \quad (2-80)$$

于是

$$E[p_1(T\mid F)]=\begin{cases} 0 & \text{if } N\eta>m \\ (1-\eta)\left[1-\dfrac{2\pi}{6R^2}(R+1)(2R+1)-\dfrac{\pi}{2R^2}(R+1)\right]^{N-m} & \text{else} \end{cases}$$
$$(2-81)$$

则 REPORAL 排除法的可靠率的数学期望为

$$E[p_1] = 1 - (1-\eta)\frac{E[p_1(T \mid F)]}{E[p_1(T)]} \tag{2-82}$$

通常，$R > 30$，忽略 $\frac{1}{R^2}$ 项，同时，k 往往比 r 小一个数量级，于是有

$$E[p_1(F \mid T)] \approx \begin{cases} (1-\eta)\left[1 - \dfrac{k\pi}{3} - \dfrac{\pi r}{2R}\right]^m & \text{if } N(1-\eta) > m \\ 0 & \text{else} \end{cases} \tag{2-83}$$

$$E[p_1(T \mid F)] \approx \begin{cases} 0 & \text{if } N\eta > m \\ (1-\eta)\left[\dfrac{k\pi}{3} + \dfrac{\pi r}{2R}\right]^{N-m} & \text{else} \end{cases} \tag{2-84}$$

当 $R = 36$，$\eta = 0.6$，$k = 0.1$，$r = 1.5$，$N = 10$，m 的取值对可靠率的影响如图 2-25 所示。

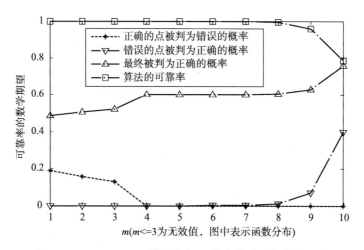

图 2-25　REPORAL 排除法中 m 的取值对可靠率的影响

对于 k 而言，例如在 $[0.01, 0.2]$ 内，当 k 增大时，$E[p_1(F \mid T)]$ 和 $E[p_1(T \mid F)]$ 均会减小，对可靠率 $E[p_1] = 1 - \dfrac{(1-\eta)E[p_1(T \mid F)]}{\eta - \eta \cdot E[p_1(F \mid T)] + (1-\eta)E[p_1(T \mid F)]}$ 的影响如图 2-26 所示。

初始正确率 η 对可靠率的影响如图 2-27 所示。

对于 REPORAL 优选法，参考邻域内同名像点的距离信息不需要全部计算，符合优选条件的同名点即被保留。

优选法中正确的同名点被判为错误的同名点的概率 $p_2(F \mid T)$ 为

$$p_2(F \mid T) = \begin{cases} (1-\eta)\left[1 - \dfrac{4\pi l(k \cdot l + r)}{4R^2}\right]^{3-N\eta} & \text{if } N(1-\eta) \geqslant 3 \text{ and } N\eta < 3 \\ 0 & \text{if } N\eta \geqslant 3 \end{cases}$$

$$\tag{2-85}$$

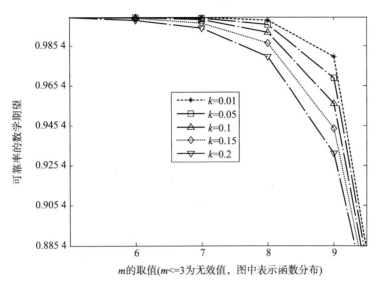

图 2 - 26　REPORAL 排除法中 k 的取值对可靠率的影响

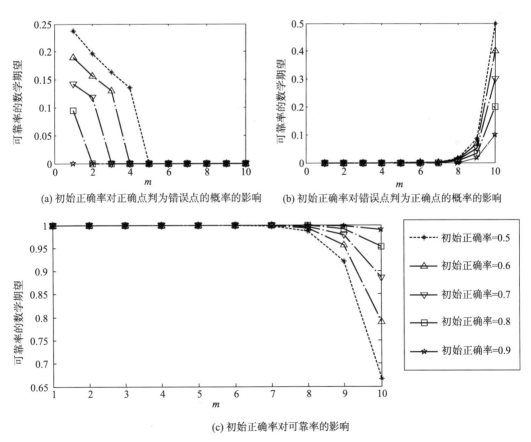

(a) 初始正确率对正确点判为错误点的概率的影响　　(b) 初始正确率对错误点判为正确点的概率的影响

(c) 初始正确率对可靠率的影响

图 2 - 27　REPORAL 排除法中初始正确率 η 对可靠率的影响

错误的点被判为正确的点的概率 $p_2(T \mid F)$ 为

$$p_2(T \mid F) = \begin{cases} (1-\eta) \left[\dfrac{4\pi l(k \cdot l + r)}{4R^2} \right]^3 & \text{if} \quad N(1-\eta) \geqslant 3 \\ 0 & \text{else} \end{cases} \tag{2-86}$$

则 REPORAL 优选法中，最终被判为正确的概率为

$$p_2(T) = \eta[1 - p_2(F \mid T)] + (1-\eta)p_2(T \mid F) \tag{2-87}$$

其中

$$E[p_2(T)] = \eta\{1 - E[p_2(F \mid T)]\} + (1-\eta) \cdot E[p_2(T \mid F)] \tag{2-88}$$

$$E[p_2(F \mid T)] = \begin{cases} (1-\eta) \left[1 - \dfrac{k\pi}{3} - \dfrac{\pi r}{2R} \right]^{3-N\eta} & \text{if} \quad N(1-\eta) \geqslant 3 \quad \text{and} \quad N\eta < 3 \\ 0 & \text{if} \quad N\eta \geqslant 3 \end{cases}$$
$$\tag{2-89}$$

$$E[p_2(T \mid F)] = \begin{cases} (1-\eta) \left[\dfrac{k\pi}{3} + \dfrac{\pi r}{2R} \right]^3 & \text{if} \quad N(1-\eta) \geqslant 3 \\ 0 & \text{else} \end{cases} \tag{2-90}$$

通常，参考点邻域正确同名点数超过 3，则 $E[p_2]$ 可表示为

$$E[p_2] = 1 - (1-\eta)\frac{E[p_2(T \mid F)]}{E[p_2(T)]} = 1 - \frac{E[p_2(T \mid F)]}{\eta/(1-\eta) + E[p_2(T \mid F)]} \tag{2-91}$$

此时，初始正确率 η 对可靠率的影响如图 2-28 所示。

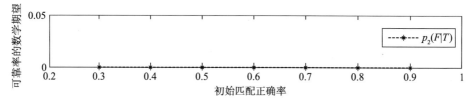

(a) 初始匹配正确率对正确点判为错误点的概率的影响(默认统计区域正确的点数大于或等于3)

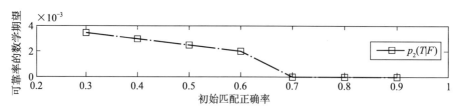

(b) 初始匹配正确率对错误点判为正确点的概率的影响

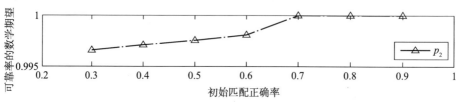

(c) 初始匹配正确率对可靠率的影响

图 2-28　REPORAL 优选法中初始正确率 η 对可靠率的影响

r 为图像的变形局部误差均值，与图像的质量有关，通常可取为 1.5～3。一般匹配算法的初始正确匹配率在 [0.5，0.8]，当超过 0.8 时，一些统计的误匹配剔除算法也能达到较好的效果，而小于 0.5 时，通常很好的误匹配剔除算法也很难稳健地得到较好的效果。故在不知道初始匹配率时，可采用缺省值 0.5，通常 $\eta > 0.5$，误匹配剔除效果会更优；在遥感影像中，k 接近透视变形以及相机畸变在局部的比例关系，通常比较小，比如取 0.1，有效测距范围越大，误差的范围越大；$2R$ 即为包含 N 对同名点的最小包围盒边长，与初始同名点的密度分布有关；N 仅需满足大于等于 $m+3/(1-\eta)$ 即可。为了提高处理速度，将所有点进行网格划分，用于快速搜索点的位置和数量，动态的包围盒通常由一定步长递增确定，所以，通常 N 和 R 均略大于真值。

针对非孤立连续变化区域同名点而言，对于 REPORAL 排除法，当 $N\eta > m$ 与 $N(1-\eta) > m$ 同时满足时，存在最优临界条件。此时，需要参考邻域内同名点的总数超过 $2m$，并且正确的同名点的数量和错误的同名点的数量均应超过 m。事实上，由于匹配算法产生的同名点的初始匹配率和图像质量、图像特征、匹配算法等多种因素有关，不可预知，仅靠增大搜索区域以提高 N 的方法，会使实际的判别门限增宽，减少正确与错误的区分能力，因而工程中将限定最小判断数量和最大局部包围盒宽度约束作为处理的前提。对于 REPORAL 优选法，当参考点邻域正确同名点的数量超过 3 个和误匹配点的数量少于 3 个时，算法的可靠性会出现最高。

不难证明，当误匹配点服从高斯分布时，可靠性会增加。

2.4.4　REPORAL 算法的实现与讨论

为了验证 REPORAL 算法的实际效果，分别与一般的统计规律剔除方法[86]，视差估计剔除算法[121]，最小二乘局部仿射模型拟合算法（简言之最小二乘）进行对比。第一组图片为嫦娥二号月图片段（左，～7 m/pixel，2010 年 10 月）与日本月亮女神对应片段（右，～7 m/pixel，2007 年 9 月），场景大小约为 5.6 km×4.2 km，为不同相机拍摄的线阵推扫式影像；第二组为宽基线下不同视角拍摄的中国字画的处理效果（0.12 cm/pixel，字画 5 m×3 m），同时存在较大变形、旋转、尺度和视角变化；第三组为保定某鉴定场的航拍遥感影像测试效果（6 cm/pixel，场景 530 m×402 m）；第四组为威海某鉴定场的航拍遥感影像（6 cm/pixel，图片尺寸 4 992×3 328），其中，前三组在缩略图上进行，第 4 组在源图上进行。处理效果分别如图 2-29（第四组匹配点太多，未展示）和表 2-5 所示。

目前业界虽然有一些比较成熟的误匹配剔除算法，尤其是基于相对定向、内参数、畸变校正和核线理论，在初始匹配率较高时，同样能够达到很高的可靠性。然而，误匹配较多时，图像的相对定向和核线解算，通常不收敛，或者收敛于局部极值。而 REPORAL 算法，能够一定程度适应图像的旋转、尺度变化和变形，具有较强的稳健性。

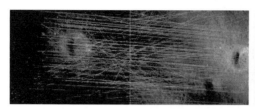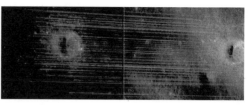

(a)第一组初始匹配与REPORAL算法处理后效果

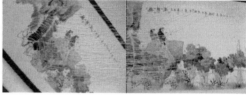

(b)第二组初始匹配与REPORAL算法处理后效果

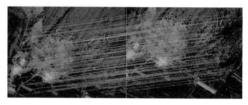

(c)第三组初始匹配与REPORAL算法处理后效果

图 2-29　REPORAL 处理效果（见彩插）

表 2-5　几种算法的剔除效果

	初始匹配		统计规律剔除		视差估计剔除		最小二乘剔除		REPORAL 算法	
	数量	正确率	结果点数	正确率	结果点数	正确率	结果点数	正确率	结果点数	正确率
(a)	163	42%	3	0	36	27%	145	34%	54	100%
(b)	186	76%	8	100%	54	86%	143	92%	142	100%
(c)	127	85%	109	100%	79	88%	127	83%	109	100%
(d)	22 417	59%	17 149	73%	11 964	93%	5741	95%	13 612	99.7%

　　结合上述分析和大量试验（本节仅为部分节选），针对非孤立连续变化区域同名点，在初始匹配正确率 $\eta > 0.5$ 时，采用 REPORAL 优选法或 REPORAL 排除法，可以提高处理速度，此时的可靠率大于 REPORAL 优选法和 REPORAL 排除法的最低可靠率，例如当 $m \in [4,6]$ 时，可靠率超过 97%。当初始匹配正确率较低时（不低于 30%），仅采用 REPORAL 优选法，可靠率超过 99.5%。在大量航拍遥感影像和嫦娥二号线阵推扫式影像准稠密匹配中，在 2.3.5 节中匹配约束和反定位误匹配剔除算法处理后，非孤立连续变化区域的匹配可靠率超过 99.9%，尤其针对嫦娥二号月图，结合多次大量局部区域（6 144 ×10 000 像素）放大图像人工检验和三维解算值验证，匹配正确率很高，非常接近 100%。

　　REPORAL 算法的适用范围为：遥感影像，小基线像对，影像间的透视变形不显著。

对于透视变形较大，或者三维景物在不同像对中的变形较剧烈的局部区域，如果知道大致的透视变换关系，可将同名点经过透视变换后使用该方法；如果不知道透视变换关系，可定义新的误差衡量函数，扩大误差容限，由粗到精筛选同名点。

反定位误匹配剔除算法的优点在于：1）不需要相机参数，不需要控制点，不需要相对定向可实现较好效果；2）通过反定位思想，将定位问题扩展，变为距离和动态误差的分析，分离了正确匹配点与错误匹配点的相互干扰，能在初始匹配率很低（测试过 0.3）的情况下可靠运行；3）动态的容差范围和距离成比例，距离近的同名点误差容限小，反之则较大，适用性好、稳健性好。

对于测距误差范围内的误匹配点，REPORAL 算法不能有效处理。此时，可以采用该点附近的一定测距误差模型进行优化，或者从匹配算法上进行解决，进行局部特征点邻近抑制。

特别地，当一些匹配点的可靠性较高时，可将这些点视作基站，然后对其他点进行距离一致性判断，并进行误匹配的剔除。然后对每个点进行判别，将判别结果可靠的点作为新的基站再次进行判别。然后，交换两图的顺序再进行判别，可得到更高的可靠性。由于区域间相互独立，可将算法扩展到并行化处理，以提高速度。

第 3 章　准稠密匹配

稀疏匹配能够得到图像的整体形状，但不足以描述细节。稠密匹配，能够获得稠密视差，进而利用较少的图片获取较完整的三维信息。本章重点介绍典型的稠密匹配理论和方法。

3.1　典型的（准）稠密匹配算法

稠密匹配企图建立两幅图像素间一对一的匹配关系，随着人们对解算精度要求的进一步提高，能够得到高可靠、较连续视差的稠密匹配或准稠密匹配成为研究热点，通常包括控制点基础上的区域生长方法、能量和视差约束方法、贝叶斯估计法等。

（1）区域扩散的稠密匹配算法

该类方法利用稀疏匹配算法得到一些稳定的同名点后，结合区域生长的方法，结合稠密匹配的一些约束关系，在附近寻找特征点，再利用影像相关的方法加密同名点，以实现准稠密匹配[122,112]。典型的算法为：在一定数量稀疏匹配同名点的基础上，建立初始视差图[123]，然后采用滤波迭代找出可信点和不可信点，并通过传播，相应建立可信的标准，最后通过优化实现整张视差图的估算。

（2）基于密集特征点的准稠密匹配算法

借鉴 SIFT 算法和 GLOH 算法的思想，文献［90］提出 DAISY 算子：在近似一致的尺度比例下，通过建立八个方向的梯度图，然后与高斯函数卷积；并建立金字塔方向图，结合同心圆和镶嵌圆形描述窗口，生成 200 维特征描述向量，实现准稠密匹配。文中也考虑了边界以及遮掩对匹配的影响，在处理速度和质量上获得了较好的效果。

受 SIFT 和 SURF 算法的启发，EPD（Enhanced Point Descriptor）描述子[124]采用 X 方向和 Y 方向的偏导数、方向以及彩色信息构造协方差矩阵，用以计算特征点邻域的描述信息，最终形成 6×6 的向量组，实现准稠密匹配。

（3）核线变换基础上的准稠密匹配方法

文献［125］通过核线约束，然后采用 ZNCC（零均值归一化互相关）将相关系数较高的点进行扩展，实现局部准稠密匹配。类似地，文献［126］通过在核线上探测极值点，根据邻域极值点间的比例关系形成描述向量，实现一维匹配。文献［127］针对同名像点落在对应核线上，在相应核线上的一定区域内进行匹配。在匹配过程中，以最大视差的区间进行逐个匹配。底层使用差的绝对值之和 SAD（Sum of Absolute Differences）、差的平方和 SSD（the Sum of Squared Differences）或者归一化的相关系数 NCC（Normalized Cross Correlation），并采用 SAD 值的二次曲线极值拟合特征点的位置。另外，带核线约束的最小二乘影像匹配算法能够得到一定程度的准稠密匹配，但作为相关类算法的低维表现形式，其缺点仍然存在。一些基于惩罚函数的最小约束迭代算法等，通常不能进行直接求解，对初值准确性的依赖性较大。

（4）基于能量和惩罚函数的准稠密匹配方法

在影像间建立一定匹配模型和惩罚函数，通过能量估计[128]由大尺度到小尺度、由粗到精匹配，并采用 B 样条曲线近似图像中的非整数值，然后利用金字塔结构排除干扰极值，最终达到匹配的目的。这种方法的精度很大程度取决于微分量的准确程度和图像间关系描述的准确程度，同时依赖于迭代起点和收敛条件，计算量非常大。

（5）基于初始匹配基础上的区域分割准稠密匹配方法

鉴于地形起伏和视角不同引起影像间的较大变形，很难采用一个全局的变换表征两幅高分辨率影像之间的变换关系，于是出现了一些图像分割基础上的加密匹配算法。

文献 [129] 首先利用 CCH（Contrast Context Histogram，在极坐标下求解局部区域直方图，通过空域非线性滤波，增强算法的抗噪能力）算法和图像分割进行初始匹配，然后基于此进行视差估计。文献 [130] 由稀疏匹配获取初始视差，然后采用图像分割，逐点采用 NCC 判别，然后通过一些约束进行误匹配剔除。文献 [131] 将图像分割，并根据视差分布投影特性进行匹配。

文献 [113，132] 采用了松弛法、最小二乘影像匹配算法和由粗到精的匹配过程，得到了稀疏匹配点，然后在区域内采用三角网格实现局部区域的仿射变换，实现局部匹配加密。文献 [133] 在相机参数已知的条件下，采用类似方法在三角形内部进行稠密匹配，并在基础矩阵约束下求解。而文献 [134] 根据二阶矩进行椭圆形状上的稠密匹配约束，结合 NCC 准则，实现准稠密匹配。

（6）其他（准）稠密匹配方法

纹理单一或重复的建筑物影像间，需要采用更好的匹配度量准则，减少由于多义性带来的误匹配，文献 [135] 提出了 MSERDOG（Maximally Stable Extremal Regions on Diference of Gaussian Space）特征检测算法，结合 SIFT 描述子，获取数量更多、更稳定的初始种子匹配点。在稠密匹配扩散过程中，只在邻域窗口内搜索候选匹配点，使用 ASW（Adaptive Support Weight）作为匹配度量准则，从而确定新的匹配点的精确位置。同时，采用仿射传递的思想，将匹配点的仿射矩阵参数传递给邻域内匹配点进行辅助引导。其中也考虑了像素的颜色权重和距离权重，协助边缘匹配。

文献 [136] 结合光流与图像信息，提出一种获取稠密视差的图像匹配算法。首先在多分辨率框架下采用由粗到精的策略计算光流，实现大偏移量时的光流获取。并通过光流计算所得的光流场作为初始视差图，然后采用基于能量的方法依据对应的梯度场对光流场内部进行平滑，并保持边缘的不连续性，最终得到比较准确的稠密视差图。

文献 [129] 阐述了近期一些稠密匹配的研究进展，指出通常的有区别能力的特征匹配仅能得到相对稀疏的匹配，对于二义性的匹配通常被过滤掉。EPD 算法[124]对于较大尺度、不够显著的特征，区分能力下降。基于区域增长和仿射变换约束的准稠密匹配方法[112]，处理速度仍然比较慢，而且对图像的变形很敏感。文献［137］提出了基于坡的分层影像匹配算法，实现了较好的匹配速度和匹配效果，但在图像灰度变化平缓和有噪环境下稳定性欠佳。

从另一方面讲，准稠密匹配也面临以下问题。

1) 稠密匹配一般在小视角下进行，物体的运动范围比较小，因而光流向量也比较少，所以计算结果容易被像素间的扰动泯灭或干扰[53]，对于较大视角情形，更是如此。另外，遮挡和变形的存在，使得上述稠密匹配算法受到普遍影响。

2) 一些基于特征的准稠密匹配算法，如果前期的同名点中存在误匹配，常常对后续的影响很大，可能出现局部大量的误匹配。

3) 平滑对边界和不连续区域带来较大的误差，大型卷积窗对畸变和遮挡关系很不稳定，而小型卷积窗很依赖于纹理或特征的质量。

4) 计算量巨大。现有大多数稠密匹配方法均建立在区域相关的基础上，计算量巨大，速度很慢。一些约束条件可以提高匹配速度，最典型的就是核线约束，然而，其匹配速度依然较慢。

5) 稠密匹配的一致可靠性很难保证，误匹配的剔除非常棘手。

这些问题的解决，一方面，需要提高成像质量，畸变和变形尽量小，图像尽量清晰；另一方面，需要更深入地研究高效的、可靠的匹配算法。

3.2　框幅式相机核线模型与求取

核线理论，在传统框幅式中心投影影像的立体匹配中发挥着重要作用：其一，利用核线约束可以实现匹配过程由二维向一维简化，提高匹配速度；其二，核线重采样可以消除左右影像之间因姿态差异而引起的几何变形，使匹配结果更具可靠性[138]；其三，作为高维信息描述的低维切片，有利于生成更多稳定的特征点。因而，基于核线变换的稠密匹配方法，具有较好的稳健性和执行效率。加上一致性匹配和连续性约束可以使速度加快，例如连续性约束和极限约束对匹配速度的提升很有作用。

其前期的问题集中于核线几何的高精度自动化稳健解算，后期（准）稠密匹配环节的关键在于高效、可靠、高精度的匹配算法。业界对于框幅式影像的核线研究已比较成熟，而对于自动估算核线参数，难点[115]在于：同名点中夹杂着误匹配点，尤其当误匹配所占比例较多且成一定规律出现时，会一定程度影响解算结果的正确性和可靠性；核线的收敛程度和全局一致性。另外，畸变也会一定程度降低核线几何的求解精度。

通常，核线几何的求解需要两步：1）进行影像的匹配，找到系列同名像点（或控制点）；2）通过一定参数模型利用这些已知点进行核线几何的解算。常用的方法包括：基于共面条件的、基于基础矩阵的、基于矩阵分解的、基于几何纠正的核线求解方法等[40,139]。利用基础矩阵求解核线系数，往往很不可信[139]，尤其针对核点距离主点较远的情形（视角变化非常小时）。文献［140］对基础矩阵元素及其不确定性进行了仔细研究，指出其解算需要考虑全局和局部的精确性、稳健性和计算效率等因素。模型的全局可靠性，只能在全局最小的情形下得到，常使得一些假设不一定成立，尤其针对运动模糊、特征稀少等情形，此时基础矩阵很难也无法有效表示全局信息。RANSAC 方法通过不断排除外点进行模型参数的优化，然而，问题依旧存在，主要在于模型的评估和收敛条件受外点干扰较大[141]，常只能达到局部的精度。

结合上述分析，介绍两种方法，一种是基于共面约束的采样一致性估计法，另一种是基于相对定向的核线确定方法。工程中互相印证，并择优使用。

（1）基于共面约束的采样一致性估计法

基于框幅式相机的成像几何和共面原理，可得到核线的统一表达式[40]，即

$$x_r(F_{11}x_l + F_{12}y_l + F_{13}) + y_r(F_{21}x_l + F_{22}y_l + F_{23}) + F_{31}x_l + F_{32}y_l + F_{33} = 0$$

$$(3-1)$$

化简得

$$L_9 y' + L_1 + L_2 x + L_3 y + L_4 x' + L_5 xx' + L_6 xy' + L_7 yx' + L_8 yy' = 0 \quad (3-2)$$

由 8 对（或 8 对以上）同名点平差可解出参数 L_i'，$i = 1, 2, 3, \cdots, 9$。对于待匹配的两幅影像，暂记为左图和右图。对于左图中的一点 A，代入上述方程，可以唯一确定一条直线 l_B，即该点 A 对应右图核线的参数方程。然后，在 l_B 上任取不同于 A 点的 B 点，即可反算出核线 l_B 对应左图的核线 l_A，从而确定核线几何。

在自动确定核线时，稀疏匹配同名点中可能有一部分误匹配点，而且，正确匹配点也难免存在定位误差，如果直接利用最小二乘法求解上式，极易受到坏点的不良影响，致使解算结果不可靠。

因此，先对参与解算的同名点进行高精度的微调定位，保证它们具有尽可能高的精度，并进行拓扑控制，使同名点尽量均匀地分布在影像间的重叠区域，然后随机选取八对同名点进行解算，并检查其他点的符合程度，选取最优收敛对应的参数作为初值，然后进行线性微分调整，通过迭代法逐步排除外点并优化参数，最终确定核线几何。

（2）基于相对定向的核线几何求取方法

对于框幅式影像，不需要地面控制点的相对定向[142,132]叫表达为

$$\begin{bmatrix} X_0 \\ Y_0 \\ Z_0 \end{bmatrix} + \frac{1}{\lambda_j} R(\omega, \varphi, \kappa) \begin{bmatrix} x - x_0 \\ y - y_0 \\ z - z_0 \end{bmatrix} = \begin{bmatrix} X_0' \\ Y_0' \\ Z_0' \end{bmatrix} + \frac{1}{\lambda_j'} R'(\omega, \varphi, \kappa) \begin{bmatrix} x' - x_0 \\ y' - y_0 \\ z' - z_0 \end{bmatrix} \quad (3-3)$$

对应的核线重排列关系为

$$\begin{cases} x = x_0 - c \dfrac{m_{11}(x_n - x_{0n}) + m_{21}(y_n - y_{0n}) + m_{31}(-c)}{m_{13}(x_n - x_{0n}) + m_{23}(y_n - y_{0n}) + m_{33}(-c)} \\ y = y_0 - c \dfrac{m_{12}(x_n - x_{0n}) + m_{22}(y_n - y_{0n}) + m_{32}(-c)}{m_{13}(x_n - x_{0n}) + m_{23}(y_n - y_{0n}) + m_{33}(-c)} \end{cases} \quad (3-4)$$

对于重叠度较小的像对，相对定向算法可能出现不稳定解。

当确定核线关系及其参数后，可进行对应像对的核线重排列，或者将核线重排列的关系融入到后续的准稠密匹配算法中。

3.3　线阵推扫式遥感影像的广义核线约束

3.3.1　线阵推扫式相机的几何变形与校正

尽管线阵推扫式相机可以提供大空域、宽频域和高分辨率影像，但影像变形的存在，会破坏影像在真实空间中的尺寸和比例等信息，其对影像匹配和误匹配剔除带来不良影响。特别地，线阵推扫式相机每一成像时刻的外方位甚至内方位元素均不相同，不可以采用框幅式中心投影影像的核线约束。因此，只有对影像进行纠正后，才能进行可靠的处理。

内部误差主要由成像系统决定，对所有成像相对一致，可通过标定的方法解决[4,25]。对于外部误差，主要包括外方位元素变化引起畸变、中心投影全景投影畸变、地（月）球曲率和旋转等因素引起的变形误差，例如：全景投影畸变，斜距投影变形和地球（月球）曲率影响，如图 3-1 所示。

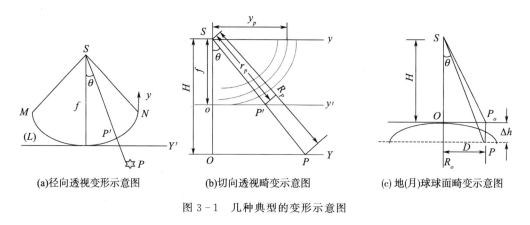

(a)径向透视变形示意图　　　(b)切向透视畸变示意图　　　(c) 地(月)球球面畸变示意图

图 3-1　几种典型的变形示意图

此外，文献［143］针对线阵推扫式影像，结合卫星飞行姿态的平稳性，采用了基于平行光投影的三步变换校正方法，第一步将三维空间经过相似变换缩小至影像空间，再将其以平行光投影至一个水平面上（仿射变换），最后将其变换至原始倾斜影像。

对于推扫式影像的单轨前后视影像，前后视相机对同一地点的成像时刻不同，成像时受到卫星位置和姿态变化、地球（或月球等）自转、球面畸变等因素影响，很难用一个高效准确的严格表达式模型描述线阵推扫式影像的核线约束关系。此外，卫星位置和姿态的变化，实质上也引起内方位元素改变。

线阵 CCD 相机的规则校正除了考虑尺度外，也需要考虑尺度信息，球面校正，镜头畸变校正。同时，随着推扫式相机高度的增加，卫星的恒姿假设飞行的误差也将增大。因此，需要考虑建立更加科学合理的抽象核线模型，对相机外参数依赖小、稳健性好、约束关系明确。

3.3.2　线阵推扫式影像的广义核线约束模型

对于线阵推扫式影像，目前尚无成熟的、普遍接受的核线几何理论和技术。典型的研究和探索方法有：投影轨迹法[144]，即沿着左片（或右片）像点的光线升降物点高程，把该物点投影到右片（或左片）得到一系列像点的轨迹，称为核曲线（epipolar curve）。文献［144］采用 Orun 和 Natarajan 相机模型，假定相机的位置、偏航角变量为扫描行的二次多项式函数，俯仰角和滚动角为常数，如果认为每一时刻的成像均存在一条唯一的核线，则线阵推扫式影像的核线更像是双曲线。每一点对应的同名点在所对应的曲线上，双曲线并不成对出现，也不相交于一点。在左图一行中的一点，在右图中对应曲线在参考点附近接近于一条直线，这种偏离随着距离的增加而增加，在局部，可近似认为对应于一条直线。如果把一行作为核线的一部分，按照线阵相机成像方式，需要知道每一行像素的地面坐标，同时由于扫描行的外方位参数是扫描时间和扫描序号的函数，必须逐行纠正，这很不利于解算和实际应用[145,146]。文献［21］在默认 Y 方向为严格平行投影、对地的成像方向与飞行方向严格垂直、不考虑俯仰角的情况下，把影像从中心投影修正到平面投影，然后用仿射变换拟合变换关系，形成近似一致约束。

一些近似的模型（Michel Morgan，2004）包括：投影变换模型、线性变换模型、二维放射变换模型等。

1）投影变换模型。这种模型下，对相机的精确内外参数要求不高

$$\begin{cases} x = \dfrac{F_1^r(X,Y,Z)}{F_2^r(X,Y,Z)} \\ y = \dfrac{F_3^r(X,Y,Z)}{F_4^r(X,Y,Z)} \end{cases} \tag{3-5}$$

r 表示 r 阶多项式，表达式的阶数等于 r。这种模型可以方便引进并且依赖内外参数或者控制点信息，需要间接地确定，这也影响了其使用范围。

2）线性变换模型 DLT（Direct Linear Transformation）

$$\begin{cases} x = \dfrac{A_1 X + A_2 Y + A_3 Z + A_4}{1 + A_9 X + A_{10} Y + A_{11} Z} \\ y = \dfrac{A_5 X + A_6 Y + A_7 Z + A_8}{1 + A_9 X + A_{10} Y + A_{11} Z} \end{cases} \tag{3-6}$$

其可直接或间接使用相机参数，由于相机的外参数并不是常数，所以上式为近似线性模型。

SDLT，增加了一个调整量。

$$\begin{cases} x = \dfrac{A_1 X + A_2 Y + A_3 Z + A_4}{1 + A_9 X + A_{10} Y + A_{11} Z} \\ y - A_{12} xy = \dfrac{A_5 X + A_6 Y + A_7 Z + A_8}{1 + A_9 X + A_{10} Y + A_{11} Z} \end{cases} \tag{3-7}$$

其前提是在处理的时间段成像时，卫星沿直线固定姿态飞行。

3）二维放射变换模型（Two - D Affine Model）

$$\begin{cases} x = A_1 X + A_2 Y + A_3 Z + A_4 \\ y = A_5 X + A_6 Y + A_7 Z + A_8 \end{cases} \tag{3-8}$$

此种情形假设卫星飞行速度固定，姿态恒定，这种方法需要高质量的图像量测和地面控制，以及较理想的成像几何。由于任意成像时刻不同的主点和姿态，每一行数对应一条核线，这样核线就有很多条。所以，为了利用核线，需要进一步定义核线：在另一幅图中根据相机姿态和参数解算的所有对应点的区域。为了确定相机的核线，必须得到相机的内参数和外参数。这也可以通过上述模型近似。该种模型下的核线为直线，并在恒速恒姿情形下的线阵相机做了近似。

这里，重点介绍一下广义核线约束的设计原理与解算相关问题。

定义：线阵推扫式影像的局部或全局经过特定的校正、变换等操作，使得匹配同名像点约束到特定的某一方向或曲线上，使得该方向上的同名像点满足唯一性、连续性和顺序一致性，这种约束关系下的直线或曲线称为线阵推扫式相机的广义核线。特别地，这里不再认为某时刻的一行影像为一条核线。

对于相机光学畸变，主要由相机的内参数决定，可根据相机生产厂家的镜头参数校正。一些学者将初始星历数据的输入作为参数，结合影像匹配进行相机参数的校准。

对于几何校正，以月球为例，对于相同轨不同视角、不同时刻的局部影像（例如嫦娥一号、二号影像），设卫星的飞行方向定为 Y 方向，Z 方向垂直指向月面，X 方向服从右手系，先经过月球自转效应的校正，使得行与行之间的图像保持 X 方向的近似一致，即

$$\Delta x_{\text{rotation}}(i,j) = V_{\text{moon}}[\Gamma(i,j)] \cdot \frac{V_{\text{moon}}[\Gamma(i,j)] \cdot v(i,j)}{|V_{\text{moon}}[\Gamma(i,j)]| \cdot |v(i,j)|} - $$

$$V_{\text{moon}}[\Gamma(i,j_0)] \cdot \frac{V_{\text{moon}}[\Gamma(i,j_0)] \cdot v(i,j_0)}{|V_{\text{moon}}[\Gamma(i,j_0)]| \cdot |v(i,j_0)|} \tag{3-9}$$

其中 $\Gamma(i,j)$ 表示像素坐标系中 (i,j) 点对应星下点的位置，$V_{\text{moon}}[\Gamma(i,j)]$ 表示此时月球的自转线速度矢量，$v(i,j)$ 表示此时卫星的飞行速度矢量，这些量可由星历得到（或者星历插值得到）。

然后经过球面校正

$$(\Delta x_{\text{Sphere}}, \Delta y_{\text{Sphere}}) = \Phi[\theta_F, \theta_B, R_{\text{moon}}] \tag{3-10}$$

详见文献 [4]，其中，$\Phi[\theta_F, \theta_B, R_{\text{moon}}]$ 表示前后视夹角分别为 θ_F 和 θ_B 时的球面校正量变换函数，R_{moon} 表示月球半径，对应于像素坐标系的 X 方向调整量 Δx_{Sphere} 和 Y 方向调整量 Δy_{Sphere}，考虑到核线只约束到一个方向，即可松弛另一方向变化。

对于卫星的姿态影响，如果约束方向为 X 方向，那么，俯仰角的微小改变并不影响该约束，偏航角的微小变化，只带来 X 轴方向的一个小夹角正弦投影分量，影响很小。滚动角会产生实际中心点的偏移，影响相机某一成像时刻的左右对称性，在局部，认为卫星飞行姿态相对稳定，忽略该影响。

相同轨，影像在卫星飞行方向的垂直方向，即 X 轴方向变化较小，松弛 Y 方向，将 X 方向调整一致。

相邻轨，卫星在相同区域的成像，经过球面校正、自转修正等校正后，飞行方向的成像接近一致（前提是各个成像时刻的偏航角分量变化连续或波动较小），松弛 X 方向，将 Y 方向对齐。

（1）同轨影像的 X 方向广义核线约束

定义误差函数

$$F(D_x,\alpha,\beta,S_1)=x_0\cos\alpha-y_0\sin\alpha-D_x-S_1(x_1\cos\beta-y_1\sin\beta) \tag{3-11}$$

其中，D_x 表示两块局部影像之间的 X 方向偏移，其他参数同上。此时，为了通过自动提出的同名像点解算函数中的参数，采用最小二乘法迭代修正解算。由于卫星的运行轨迹相对稳定，可认为 D_x 接近常数，于是

$$F'(D_x,\alpha,\beta,S_1)=x_0(\cos\alpha/D_x)-y_0(\sin\alpha/D_x)-1-x_1(S_1\cos\beta/D_x)+y_1(S_1\sin\beta/D_x)$$
$$\tag{3-12}$$

接近或等于 0，从而利用上式将 $(\cos\alpha/D_x)$、$(\sin\alpha/D_x)$、$(S_1\cos\beta/D_x)$ 和 $(S_1\sin\beta/D_x)$ 视为一个变量，采用最小二乘法进行平差拟合，经过粗差剔除，求出 α，β，D_x，S_1 的初值 α^0，β^0，D_x^0，S_1^0。

然后，在初值处结合泰勒公式展开，即

$$F(D_x,\alpha,\beta,S_1)=F(D_{x0},\alpha_0,\beta_0,S_1^0)+\Delta\alpha(-x_0\sin\alpha^0-y_0\cos\alpha^0)-\Delta D_x^0-$$
$$\Delta S_1(x_1\cos\beta^0-y_1\sin\beta^0)+\Delta\beta S_1^0(x_1\sin\beta^0+y_1\cos\beta^0)+o(D_x,\alpha,\beta,S_1)$$
$$\tag{3-13}$$

不断缩小精度范围，标记误差较大的同名点，不参与下一步计算，微调四个参数，例如，第 n 次调整后的四个参数满足：$\alpha^n=\alpha^{n-1}+\Delta\alpha^{n-1}$，$\beta^n=\beta^{n-1}+\Delta\beta^{n-1}$，$S_1^n=S_1^{n-1}+\Delta S_1^{n-1}$，$D_x^n=D_x^{n-1}+\Delta D_x^{n-1}$，迭代终止条件为精度达到要求，或者本次调整误差与上次调整误差非常接近。

至此得到 X 方向的广义核线约束以及变换参数，图 3-2 中左面和右面分别为嫦娥二号某轨前视图片段和后视图片段的广义核线约束图。为方便显示，图中坐标作了 X 坐标和 Y 坐标互换操作，图中显示水平方向对齐，正好是 X 方向对齐。

（2）相邻轨影像间的广义核线约束

对于相邻轨影像间的广义核线约束，主要不同在于：1）不同轨成像时相机的外参数差异性相对较大，太阳夹角的不同导致影像的光照差异和阴影分布差别较大，相应地，飞行方向的夹角较大，重叠区域的相对像素偏移较大，影像的局部尺度差异增大；2）不同轨影像间的核线约束，为减少上述因素影响，仅选用相同视角的影像片段，如果球面畸变等模型比较准确，虽然偏航角的浮动对飞行方向相似性的影响增大，但成像视角差异较小，局部具有一定连续性；3）线阵相机成像时，不同成像时刻之间的时间间隔（或称行频）和轨道高度的差异也会影响 Y 方向的约束一致性，处理过程中，认为局部影像的一致性较好，即卫星在轨飞行连续，不同时刻卫星所载相机外参数变化和抖动相对稳定，或在一定范围内。

于是，可类似地定义相邻轨广义核线约束的误差函数为

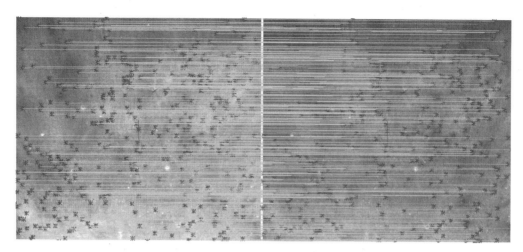

图 3-2　广义 X 核线约束后的嫦娥二号某轨前视图片段和后视图片段的对齐效果

$$F_y(D_x,\alpha,\beta,S_1)=(x_0+D_x)\sin\alpha+(y_0+D_y)\cos\alpha-D_y-S_1(x_1\sin\beta+y_1\cos\beta)$$

$$(3-14)$$

结合上节解法解算出对应变换参数，使得 Y 方向的视差基本消除。

　　本节中的广义核线变换模型，采用消除一个方向的视差，而使另一方向尽可能变形较小的方法，通过多种校正和变换，同名点形成近似共线的对应关系，具有较高的精度和实用性，实验表明精度常小于 $0.29\sim0.58$ 个像素。

　　（3）广义核线变换的逆与求解

　　为便于描述，可将源图像的辐射校正、球面校正、CCD 相机畸变校正、星球自转修正综合起来形成一个变换关系 $T[.]$

$$T[.]=T_0[T_1[T_2[T_3[\cdots]]]]$$

$$(3-15)$$

$T_i[.]$，$i=0$，1，2，$\cdots$ 分别表示各个畸变校正或修正函数。

　　鉴于线阵相机的成像特点，这种校正变换均可抽象到对应的影像行上，通过对 $T[.]$ 的逆变换 $T_{\text{reverse}}[.]$，可反解匹配点在原图中的坐标值。

　　然而，$T_{\text{reverse}}[.]$ 是比较复杂的，甚至很难直接用数学表达式计算，为了提高解算的速度，建立了一个抽样形式的逆变换查询表，可通过调整采样步长控制逆变换精度，同时大幅度提高处理速度。

　　然后，对于核线变换的逆变换，可用数学表达式严格表达，即

$$f_E'(x,y)=f_E(x,y)\cdot s^{-1}\cdot A(-\theta)+(\Delta x,\Delta y)$$

$$(3-16)$$

其中，$f_E(x,y)$ 表示畸变校正后广义核线约束下的点坐标，s 表示尺度调整因子，$A(\theta)$ 表示对应的旋转修正角度矩阵，$(\Delta x,\Delta y)$ 表示位移修正量，$f_E'(x,y)$ 表示逆变换后的结果。

　　然后采用分步方法，可迅速准确地解算和表达广义核线约束，既可用于稀疏匹配的粗差排除，也可用于下一步的准稠密匹配。

3.4　线状三角塔多阶变化检测准稠密匹配

本节在近似核线影像上，介绍线状三角塔多阶变化检测准稠密匹配算法与相关实现。

3.4.1　多阶变化监测与描述

在数据分析过程中，不可避免数据截短问题[147]，需要在特定的窗口内分析和处理信号。Sinc 窗具有较好的频域保真性能，可以有效去掉随机噪声，计算量小于拉普拉斯窗（LOG）和差分高斯窗（DOG），故采用 Sinc 窗对图像进行滤波，一维上的 Sinc 窗表达式为

$$W(x,s) = r_0 \frac{\sin[2\pi s(x-x_0)/r_0]}{2\pi s(x-x_0)} , \ x \in [x_0, x_0 + 2r_0] \qquad (3-17)$$

其中，s 为尺度因子，代表该特征相对原始影像的缩放程度，x_0 代表处理模板的中心在原始影像中的位置，r_0 代表模板半径。为提高效率，构建一个 Sinc 查询表，滤波时可根据当前点和窗口中心点之间的距离进行查表式取值。

然后，在整个数据段采用带有尺度参数的 Sinc 窗卷积平滑，即

$$I(x,s) = I_0(x,1) \otimes W(x,s) \qquad (3-18)$$

这样可得到较高精度不同尺度下的处理数据，较好地保留了图像的灰度（或色彩）信息和灰度（或色彩）变化信息。由于像素的灰度大小、灰度变化、周围偏差等无不蕴含着丰富的图像描述信息，可采用多角度分析和描述。

由于单行数据的区分能力较差，也不能自动调整核线垂直方向特征点的位置，所以采用核线重排列方法获得近似核线影像，然后取约束方向当前行和上下相邻行三行数据。将变换后的三行数据序列称为广义灰度 Sinc 序列（Extended Gray Sinc Sequence），如图 3-3 所示，对于来自左右图待匹配的 Sinc 序列，在 X 方向存在一定量的位移和微小尺度变化，而 Y 方向仅存在平移变化。

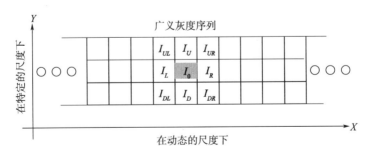

图 3-3　广义灰度及梯度序列示意图

若以阴影处的点为参考点，其在当前尺度下的广义灰度 Sinc 序列值为 I_0，其上、下、左、右等八个相邻方向的对应值分别为：I_U，I_{UL}，I_{UR}，I_L，I_R，I_D，I_{DL} 和 I_{DR}。则该点在尺度因子 s 下的广义 X 方向 robert 梯度 $Grad(i,s)$ 为

$$Grad(i,s)=\left[(2I_R+I_{UR}+I_{DR})-(2I_L+I_{UL}+I_{DL})\right]|_s/4 \qquad (3-19)$$

其中，$*|_s$ 代表在尺度 s 下的对应数据。由于三行数据取自原始尺度，其中间的尺度间隔为单位尺度间隔，在尺度 s 下，可采用线性插值近似上述梯度，即

$$Grad(i,s)=(4I_R-4I_L)|_s+s(I_{UR}+I_{DR}-2I_R+2I_L-I_{UL}-I_{DL})|_s \qquad (3-20)$$

类似地，其在 Y 方向上的梯度可表示为

$$Grad^*(i,s)=s(2I_U+I_{UR}-2I_D-I_{DL}+I_{UL}-I_{DR})|_s \qquad (3-21)$$

然后，对其进行归一化处理和平滑，便形成了广义梯度序列（Extended Grad Sequence），广义梯度序列包括 $Grad(i,s)$ 序列和 $Grad^*(i,s)$ 序列。

于是，该点的梯度的斜率为

$$K(i,s)=Grad^*(i,s)/Grad(i,s) \qquad (3-22)$$

对应于该点梯度的方向为

$$\theta(i,s)=\arctan[Grad^*(i,s)/Grad(i,s)],\theta(i)\in[0,2\pi] \qquad (3-23)$$

$\theta(i,s)$ 的象限由空间的点坐标 $(Grad^*(i,s),Grad(i,s))$ 决定。

$K(i,s)$ 和 $\theta(i,s)$ 对匹配和识别均有一定的不稳定性，不利于直接参数特征的描述，例如，对 $K(i,s)$ 而言，当 $\theta(i,s)$ 接近 $\pi/2$ 或 $3\pi/2$ 时，$K(i,s)$ 的值会出现急剧上升或下降，此时 $\theta(i,s)$ 的微小波动，会引起 $K(i,s)$ 的巨大变化，过渡放大特征间的差异，如果对 $K(i,s)$ 序列直接进行归一化，会泯灭 $\theta(i,s)$ 在其他范围时 $K(i,s)$ 的数值，使得结果不可信；另一方面，当 $Grad(i,s)$ 在 0 附近波动时，$K(i,s)$ 的值会出现正负的跳变。

对 $\theta(i,s)$ 而言，其值域相对稳定，当 $Grad^*(i,s)$ 在 0 附近跳变时，不会带来 $\theta(i,s)$ 的异常浮动。然而，当点 $(Grad^*(i,s),Grad(i,s))$ 在 $(0,0)$ 邻域波动时，$\theta(i,s)$ 会出现明显跳变；同时，$\theta(i,s)$ 在 0 和 2π 时不连续。

为解决上述问题，采用 $|K(i,s)|$ 判别抑制，即当 $|K(i,s)|$ 跳变时，判断 $Grad(i,s)$ 是否在 0 附近，如果是，采用 0 阶保持，保持前一点的相位。在匹配时，如果相位差大于 π，就取该点的负相位加 2π。由于 $|K(i,s)|$ 在对应角度 $\pm90°$ 附近时，采用最大值抑制，故当 $|K(i)|>6$ 时，强制让 $|K(i)|=6$，并进行高斯平滑。从而实现梯度方向描述的稳健性和有效性。同时，连续地形 $\theta(i,s)$ 的值不易受到局部光照变化的影响，更有利于提高描述方法的抗光照变化性能。

为了描述广义灰度 Sinc 序列中参考点与周围点的对比关系，忽略局部系数，定义广义中心偏离序列（Extended Bias Array），其中的元素 $Bias(i,s)$ 满足

$$Bias(i,s)=8I_0|_s-(I_U+I_{UL}+I_{UR}+I_D+I_{DL}+I_{DR}+I_L+I_R)|_s \qquad (3-24)$$

$Bias(i,s)$ 可应用于多种特征变化程度的衡量，只有当 $|Bias(i,s)|$ 超过一定阈值时，才认为参考点为一个局部稳定、显著特征点。

大半径的平滑窗对应较大的平滑程度；而小半径的平滑窗对应于较小的平滑程度。为了充分保留局部影像的变化信息，采用变平滑窗口，以改善对图像细节和边缘的描述能力，对变化显著的区域采用小半径的平滑窗，变化缓慢的区域采用较大半径的平滑窗，从

而形成具有描述能力和区分能力的数据基础。

　　彩色影像的色彩信息会一定程度提高特征的区分能力，可以利用彩色图像的各个分量进行描述，最后合成特征向量；也可以利用彩色信息的合成分量描述，提高颜色特征的稳健性。

　　图 3-4 为基于相对定向法的核线重排列影像缩略图，图 3-5 为其预处理前后、各种描述分量以及颜色分量分解的某行数据部分区域截图。

图 3-4　某地的彩色遥感影像核线重排列后影像缩略图（见彩插）

　　在特征点检测时，在行数据形成的多尺度多属性序列中，以上下相邻行为参考，检测各种稳定极值点作为特征点。例如，广义 Sinc 灰度序列中的极值点，对应校正后图像中的极亮点或极暗点，多尺度下就表示较亮或较暗的一块点状区域；广义梯度序列中的极值点，对应数据变化程度最为剧烈的点或区域，其极大值为正，极小值为负，可以检测出图像明暗交替变化显著的点或区域。广义 θ 序列极值点反映了局部梯度方向变化的显著点。广义中心偏离序列不仅可以描述图像在参考点处的偏离程度，而且可以一定程度判断其他类型极值点的显著程度。

　　为了得到更稳定、可信的特征点，定义相对显著度 $R(i)$

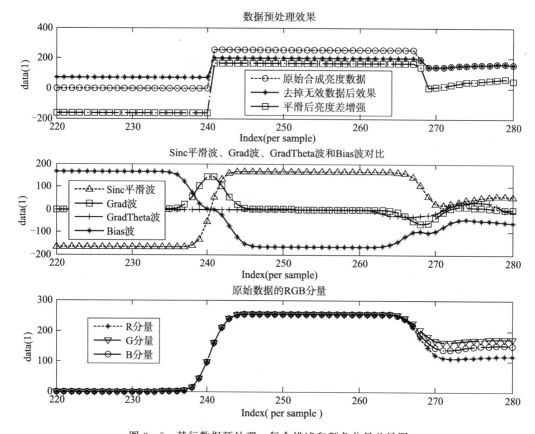

图 3-5 某行数据预处理、复合描述和颜色分量差异图

$$R(i) = \frac{4 \mid I_0 \mid - \mid I_U \mid - \mid I_D \mid - \mid I_R \mid - \mid I_L \mid}{\mid I_U \mid + \mid I_D \mid + \mid I_R \mid + \mid I_L \mid} \qquad (3-25)$$

通过 $R(i)$ 的取值范围约束，去掉特征不明显的特征点。通过上述特性可检测出大量稳定特征点。

3.4.2　特征的连续尺度域分析与定位

对于高分辨率影像，往往图像的宽度达到几千甚至上万行，传统的金字塔结构占用较大的内存开销和时间开销，尤其对于 SIFT 算法中的多层平滑高斯和差分高斯金字塔，不能在普通微机的有限内存上直接处理。为了实现整个尺度域对特征的描述和匹配，不同于经典的金字塔结构和 SIFT 算法的多金字塔结构，设计了轻量级的线状三角塔结构，如图 3-6 所示。

底层的三行数据代表原始影像处理后的广义灰度 Sinc 序列，缩放系数为 s_0，层次间的缩小倍数为 z，则第 i 层的缩放系数为 $s_i = s_0 z^{i-1}$。由于线状三角塔的使用，很大程度减小了算法的内存开销，可以建立各描述量的独立线状三角塔。

对于变化小的点特征，如果邻域描述区域较小，则不足以描述特征变化；反之，对于邻域变化剧烈的点特征，较大的描述窗口，会泯灭点特征本身的特征信息。为了得到分析

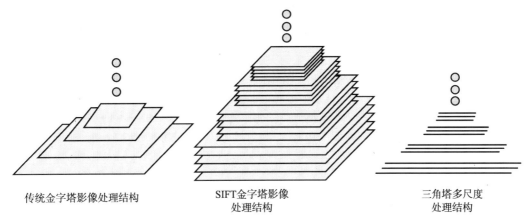

传统金字塔影像处理结构　　　　SIFT金字塔影像　　　　三角塔多尺度
　　　　　　　　　　　　　　　处理结构　　　　　　　处理结构

图 3-6　多尺度影像线状三角塔结构与传统多尺度分析结构的对比图

空间的连续尺度，在特征的尺度和描述窗口间建立联系，作为尺度的新度量。首先在线状尺度金字塔中检测极值点，并把当前的尺度作为初始尺度，记其对应分析窗口半径为 r_0，在上下尺度层和本尺度层中依据二次函数的极值条件拟合尺度信息，对应点 (x_p, y_p)，在核线重排列影像上，暂不考虑 y_p 的差异，然后在该点特征的邻域模板范围，依据对应的广义灰度 Sinc 序列和广义梯度序列，拟合尺度 s_p

$$s_p = \left\{ a_l \left[x_p - \frac{1}{a_l} \sum_{j=p-4s_0 z^i r_0/3}^{p-2s_0 z^{i-2} r_0/3} x_j \mid Gray(j,s) \cdot Grad(j,s) \mid \right] + \right.$$
$$\left. a_r \left[\frac{1}{a_r} \sum_{j=p+2s_0 z^{i-2} r_0/3}^{p+4s_0 z^i r_0/3} x_j \mid Gray(j,s) \cdot Grad(j,s) \mid - x_p \right] \right\} / [r_0 (a_l + a_r)]$$

$$(3-26)$$

其中，$a_l = \sum\limits_{j=p-4s_0 z^i r_0/3}^{p-2s_0 z^{i-2} r_0/3} \mid Gray(j,s) \cdot Grad(j,s) \mid$，$a_r = \sum\limits_{j=p+2s_0 z^{i-2} r_0/3}^{p+4s_0 z^i r_0/3} \mid Gray(j,s) \cdot Grad(j,s) \mid$。

　　这样将亮度信息和变化信息均融入尺度的拟合。同时，保留 a_l 和 a_r 的值，采用各项异性的非对称窗口，更有效地描述特征。

　　通过上述方法可检测出大量特征点，并得到其对应的尺度和位置。由于相机畸变、投影变形等影响，并非所有特征点均严格处在当前核线重排列的约束方向上，所以在 X 相邻方向和核线垂直方向采用离散二次极值拟合调整，即在点 (x, y) 处的微调量 Δx 和 Δy 为

$$\begin{cases} \Delta x = -\dfrac{Gray(i+1,s) - Gray(i-1,s)}{Gray(i+1,s) + Gray(i-1,s) - 2Gray(i,s)} \\ \Delta y = -\dfrac{Gray(i+w_s,s) - Gray(i-w_s,s)}{Gray(i+w_s,s) + Gray(i-w_s,s) - 2Gray(i,s)} \end{cases}$$

$$(3-27)$$

其中，w_s 为三角塔中当前处理层（对应尺度为 s）数据行的宽度，$Gray(*, s)$ 为长度为

$3w_s$ 的广义灰度序列，分别表示以当前行为中心的相邻 3 行。并把此调整量通过尺度系数调整到原始尺度，从而一定程度上改善特征点的位置。对于核线垂直方向的调整量，采用阈值控制，如果核线几何比较精确，则减小其在该方向上的调整门限。

3.4.3　特征描述向量的生成

为了形成多尺度下区分能力较强的特征向量，采用属性特征和数值特征相结合的方法形成点特征的描述向量。

1）属性特征描述，记录点的类型、极性、尺度、颜色分量比等作为初匹配时的筛选依据。例如，点的类型指特征点的来源序列，如广义灰度序列或广义梯度序列；特征点的极性，包括极大值和极小值；颜色分量比是指待匹配特征点对应遥感影像的颜色分量之比。

2）数值描述向量分为多维，包括：a）选定窗口（半径为 W_R）的广义灰度序列及其垂直方向的上下较小窗口（半径为 w_R）灰度序列的均值的 W_R/w_R 倍；b）选定窗口的广义梯度序列；c）选定窗口的广义 θ 序列；d）选定窗口的广义中心偏离序列。以选定窗口，进行 Sinc 窗函数加权，突出距离特征点较近描述量的贡献，然后赋给特征描述子。

例如，当描述子的模板半径 $W_R = 5$（此时取 $w_R = 3$）时，描述子的数值属性有 $4 \times (5 \times 2 - 1) + 2 = 38$ 维，而其属性特征包括点的位置，特征点的类别（所处的序列的类型），点的极值属性（极大值或极小值），点的尺度信息，点的当前亮度及比例（对于灰度图，一维 g；对于彩色图 r，g，b 三维分量比，以及拟合亮度共四维），点的中心点亮度与整个模板亮度和的比、与左半个模板的亮度和之比、与右半个模板的亮度和之比（灰度图 3 维，彩色图 9 维）等。此时，该描述子有 47 维（彩色 56 维）。

3.4.4　预测区间的特征点匹配

稀疏匹配的结果，或者少量的控制点，或者根据影像间的定向参数等信息可以建立同名点之间的大致空间约束关系，从而使得匹配仅发生在对应核线和预测窗口中。匹配过程中，采用属性匹配和数值匹配相结合的方法以提高匹配速度和可靠性。特征点的属性匹配作为匹配时的特征类型筛选依据，数值描述匹配用于描述特征间的数值相似程度。采用按分量和调和一致法两种方法计算距离。

（1）按分量求特征间多阶数值描述的距离

对于复合描述下的匹配，定义待匹配点对应向量之间的数值距离 $D(i, j)$ 为

$$D(i,j) = D_I(i,j) + D_{Grad}(i,j) + D_{Bias}(i,j) \tag{3-28}$$

其中，$D_I(i, j)$ 表示广义灰度距离分量，$D_{Grad}(i, j)$ 表示广义梯度距离分量，$D_{Bias}(i, j)$ 为广义偏移距离分量

$$\begin{cases} D_I(i,j) = \sum_{k=0}^{R} W_{hm}(k) \mid I_i(k) - I_j(k) \mid + \sum_{t=\pm W} \mid I_i(i+t) - I_j(j+t) \mid \\ D_{Grad}(i,j) = \sum_{k=0}^{R} W_{hm}(k) \mid Grad_i(k)\sqrt{1+K_i(k)^2} - Grad_j(k)\sqrt{1+K_j(k)^2} \mid + \\ \quad \sum_{t=\pm W} \mid Grad_i(i+t)\sqrt{1+K_i(i+t)^2} - Grad_j(j+t)\sqrt{1+K_j(j+t)^2} \mid \\ D_{Bias}(i,j) = \sum_{k=0}^{R} W_{hm}(k) \mid Bias_i(k) - Bias_j(k) \mid + \sum_{t=\pm W} \mid Bias_i(i+t) - Bias_j(j+t) \mid \end{cases}$$

$$(3-29)$$

其中，$W_{hm}(k)$ 表示上述已计算的加权窗的第 k 个分量，含 W 的项表示上下相邻行数据半径为 w_R 宽度的统计分量，$I_i(k)$ 和 $I_j(k)$ 分别表示以待匹配两点 i（左图中）和 j（右图中）为中心的匹配窗口内第 k 个广义灰度序列分量，$Grad_i(k)$ 和 $Grad_j(k)$，$K_i(k)$ 和 $K_j(k)$，$Bias_i(k)$ 和 $Bias_j(k)$ 类似地与之对应。

为提高速度，设置相似程度阈值、最近次近距离比阈值和互相关值阈值辅助筛选匹配向量。然后进行核线重排列的逆变换，把匹配点的坐标变回到原始影像下的坐标值，进行匹配范围筛选。

3.4.5 稠密匹配与近似核线影像的最小二乘微调

通过上节匹配方法，可得到大量高可靠匹配点。为获取稠密的视差，可在同名点中间加入内插点，形成初始的预匹配点，然后依据简化的最小二乘影像匹配算法进行确认和微调，以获得需要密度和精度的稠密匹配。

对于近似核线影像，基本消除了在垂直方向上的视差，常用的基于共线约束的处理方法在水平方向做了调整，而在垂直方向上认为没有误差。在高精度摄影测量中，往往需要尽可能高的匹配精度。大量的核线重排列实验（包括框幅式影像和线阵推扫式影像，尤其是畸变等因素的影响）表明，核线重排列的精度往往仅能保证整体上的亚像素级。于是，建立如下模型

$$g_1(x,y) + n_1(x,y) = h_0 + h_1 g_2(a_0 + a_1 x, b_0 + y) + n_2(x,y) \qquad (3-30)$$

即认为，待匹配特征点的邻域内，Y 方向存在一个较小的平移量 b_0，X 方向同时存在一定的平移 a_0 和比例 a_1，于是有

$$\Delta g = dh_0 + g\,dh_1 + \dot{g}_x\,da_0 + x\dot{g}_x\,da_1 + \dot{g}_y\,db_0 \qquad (3-31)$$

在初值为 $(h_0, h_1, a_0, a_1, b_0) = (0, 1, 0, 1, 0)$ 的情形下，在参考点的矩形邻域内进行最小二乘拟合 $(dh_0, dh_1, da_0, da_1, db_0)$，从而得到修正后的坐标 (x_2, y_2)，满足

$$\begin{bmatrix} 1 \\ x_2 \\ y_2 \end{bmatrix} = \begin{bmatrix} 1 & 0 & 0 \\ a_0^i & a_1^i & 0 \\ b_0^i & 0 & 1 \end{bmatrix} \begin{bmatrix} 1 \\ x \\ y \end{bmatrix} = \begin{bmatrix} 1 & 0 & 0 \\ da_0^i & 1+da_1^i & 0 \\ db_0^i & 0 & 1 \end{bmatrix} \begin{bmatrix} 1 & 0 & 0 \\ a_0^{i-1} & a_1^{i-1} & 0 \\ b_0^{i-1} & 0 & 1 \end{bmatrix} \begin{bmatrix} 1 \\ x_1 \\ y_1 \end{bmatrix} \qquad (3-32)$$

采用迭代方式逐步修正同名点位置，同时剔除相似程度较低的匹配点。

3.4.6　算法的实现与分析

（1）线状三角塔多阶变化检测准稠密匹配算法匹配效果

首先，以嫦娥二号月图片段为测试对象，图 3-7 为算法匹配效果的部分截图（为方便显示，对同名点进行了密度控制，7 个像素内仅保留一对同名点）。

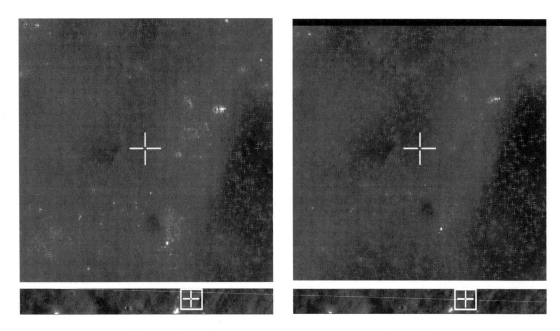

图 3-7　匹配算法进行月图匹配局部效果显示图（见彩插）

其中，上面两幅较大截图（实际尺寸约 600 像素×500 像素，分辨率约为 7 m/pixel）分别是对应下方图片（缩略图，实际尺寸 6 144×650，对应图中的分辨率约为 72 m/pixel）中的带"+"的方框中图像的放大图像。其中的蓝色"+"分别表示两图中的同名像点。

分别将线状三角塔多阶变化检测准稠密匹配算法（推荐算法）与 SIFT 算法、SURF 算法、核线变换一维最小二乘算法[127]作对比。SIFT 和 SURF 算法的次近和最近距离比值阈值均设为 1.02，相关数据见表 3-1。

表 3-1　推荐算法（不进行最小二乘微调）与典型匹配算法简要对比

	SIFT 算法	SURF 算法	核线变换一维最小二乘	推荐算法
正确匹配数量(对)	3 937	901	13 382	23 657
特征提取与匹配总时间(ms)	542 249	14 142	3 800 361	129 738
平均匹配精度(pixel)	0.45	0.82	0.33	0.36

本算法能够快速提取特征并匹配大量同名点，具有较高的匹配准确率和精度，可以大幅度提高传统同名像点分布不均匀区域的解算精度。

（2）线状三角塔多阶变化检测准稠密匹配基础上的稠密匹配

图 3-8 为该算法对一组彩色航空影像的匹配效果（对应近似核线影像中隔三行处理一行）。上面两幅较大截图（实际尺寸约 600 像素×500 像素，像素分辨率约为 0.06 m/pixel）为下方缩略图（实际尺寸 8 956 像素×6 708 像素）中的"＋"标记部分。

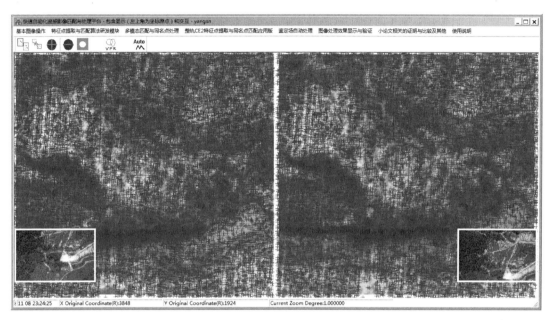

图 3-8　本算法在航空影像上的匹配效果（见彩插）

本算法与 SIFT 算法、SURF 算法和核线变换一维最小二乘算法[127] 对比数据见表 3-2。

表 3-2　推荐算法（进行最小二乘微调）与典型匹配算法简要对比

	SIFT 算法	SURF 算法	核线变换一维最小二乘	推荐算法
正确匹配数量(对)	8 359	1 603	71 469	323 841
特征提取与匹配总时间(ms)	942 387	138 942	5 703 289	329 172
平均匹配精度(pixel)	0.45	0.71	0.31	0.12

从匹配效率上讲，SIFT 算法能提取比 SURF 算法更多的同名点，而 SURF 算法主要提取显著特征，同名点的数量相对较少，对旋转性能稍差，时间开销较小。通过调整 SIFT 和 SURF 算法的相应阈值可以增加特征点的数量，但并不能显著增加匹配的数量，同时降低了匹配效率和匹配的可靠性。本算法能够在较快时间内提取并匹配大量分布均匀的同名点，具有较高的匹配准确率和约 0.1 个像素的匹配精度。

第4章 高精度影像匹配与精度评估

在摄影测量和遥感领域，匹配精度尤为关键，直接决定了后期空间交会和三维解算的精度。随着遥感影像像素分辨率的不断提高，对精度的要求也不断提高，亚像素级或像素级的精度已不满足工程上的需要。同时，靶标点常用于控制点的自动提取与识别、高精度制导、相机标定等领域，提取与识别的精度、自动化程度和稳健性非常关键。

通常，匹配精度受尺度、旋转、变形、滤波机制、视角不同、遮挡、畸变、图像的压缩和信噪比等因素的影响[148]（例如，通常的压缩方法对高精度影像匹配会产生 0.1 到几个像素不等的不良影响，小波变换类压缩法对精度的影响更大），而数字图像的固有离散误差，加之畸变扭曲等对匹配精度的挑战更大，传统的影像相关算法和最小二乘影像匹配算法在速度和变形影像上的处理效果不佳。

4.1 高精度匹配

最小二乘影像匹配[149]是典型的、较好的高精度匹配算法，其窗口半径和收敛阈值的合理选取可以在一定程度保证精度，然而，其对影像的变形、扭曲、光照变化和噪声非常敏感。虽然高精度匹配非常困难，但其对摄影测量、三维解算非常重要。典型的特征点精确定位与高精度匹配算法有以下几类。

4.1.1 窗口内像素比较类匹配算法

典型的窗口内像素比较类匹配的度量和准则[65,127]有差的绝对值之和 SAD、差的平方和 SSD 和归一化的相关系数 NCC 等。

SAD 法是统计窗口之间灰度差的绝对值之和，即

$$SAD(u,v) = \sum\sum |f(i,j) - g(i+u,j+v)| \qquad (4-1)$$

SSD 法计算灰度差的平方和，即

$$SSD(u,v) = \sum\sum [f(i,j) - g(i+u,j+v)]^2 \qquad (4-2)$$

相关系数法，即

$$CC(u,v) = \frac{\sum\sum f(i,j)g(i+u,j+v)}{\sqrt{\sum\sum f(i,j)^2 \cdot \sum\sum g(i+u,j+v)^2}} \qquad (4-3)$$

NCC 指归一化相关系数。经改进后，有 ZMCCC（Zero - Mean Cross Correlation Coefficient）等，其更能适应局部影像平均亮度变化和噪声的影响，表达式为

$$NCC(u,v) = \frac{\sum\sum [f(i,j) - \bar{f}][g(i+u,j+v) - \bar{g}]}{\sqrt{\sum\sum [f(i,j) - \bar{f}]^2 \cdot \sum\sum [g(i+u,j+v) - \bar{g}]^2}} \quad (4-4)$$

例如，文献［150］给出了一种迭代相关系数的求法。文献［151］在梯度的基础上，采用互相关系数匹配。在不同视角的透视变化下，最小二乘影像匹配算法模板中可能包含外点，进而影响匹配的精确性[152]。另外，其实时性、精度和稳健性很难克服。

这类算法处理速度相对较快，甚至胜过一维最小二乘影像匹配。其关键在于度量函数的选择或设计，不同的评价函数具有不同的性能。其共同特点是，只有当像对之间仅存在平移和均匀光照变化时有效（其中，SAD 和 SSD 仅能处理平移变化），在边界处会产生异常值（边界效应）。因而，其使用范围受限。当适用条件不满足时，性能会出现不同程度恶化。

4.1.2　点特征定位与参数拟合下的匹配算法

这类方法通常有点特征的位置拟合法、点特征邻域的统计矩法等。

（1）角点定位法

基于特征点的检测和定位方法，往往仅能达到像素级或 0.5 像素级的定位精度，通常不能满足高精度的图像处理。例如，Moravec 算子通过标识特征点的像素位置，精度在像素级；Förstner 算子限定了特征的形状，其圆形窗口的思想对旋转有一定稳健性，精度一般为 0.6 像素。

（2）位置和方向参数的求解方法

文献［153］在特征点具有明显方向的情形下，在初始角度的基础上，将旋转的角度量调整为微分量，进行角度的微调。文献［154］采用了分步计算角度、尺度和平移信息的方法，首先采用梯度模板平滑图像得到梯度的估计值，然后采用尺度的直方图，以峰值作为尺度的估计值，最后采用互相关的方法确定平移信息。一些算法（例如 SIFT 算法），通过极值点检测角点位置，并通过统计特征描述量主峰的方向确定特征的方向，从而实现旋转不变性。然而，此时的角度预测精度通常不高，极端地讲，一些对称的特征可能有多个甚至没有主方向。

（3）曲线或曲面拟合法

采用多项式、小面元或小样条等拟合灰度的分布函数[155]，然后求拟合曲面的极值点或拐点作为特征点的位置，以定位特征。例如，典型的二次曲面拟合，假设影像局部表面的灰度分布和位置满足

$$g(x,y) = I(x,y) + n(x,y) \quad (4-5)$$

$$I(x,y) = k_0 + k_1 x + k_2 y + k_3 x^2 + k_4 xy + k_5 y^2 \quad (4-6)$$

$n(x,y)$ 表示噪声，$g(x,y)$ 为实际的影像灰度，$I(x,y)$ 认为是理想情况下的灰度。然后利用二次曲线的局部极值点或变化最显著的点作为角点的位置。该公式具有一定的通用性，涵盖了圆拟合、椭圆拟合、抛物面拟合和鞍型面的拟合。例如 Zuniga - Haralick 算子和 Dreschler - Nagel 算子就是其推广和具体应用。然而，该类算法的普适性

并不好，拟合精度可靠性不高。

（4）特征点邻域统计矩表征法

例如 Wong‑Trinder 圆点定位算子[40]，若定义特征区域的原点矩为

$$m_{pq} = \sum_{i=0}^{n-1} \sum_{j=0}^{m-1} i^p j^q g(i,j) \qquad p,q = 0,1,2,\cdots \tag{4-7}$$

中心矩定义为

$$M_{pq} = \sum_{i=0}^{n-1} \sum_{j=0}^{m-1} (i-x)^p (j-y)^q g(i,j) \qquad p,q = 0,1,2,\cdots \tag{4-8}$$

则特征区域的重心坐标（x_C，y_C）为

$$\begin{cases} x_C = m_{10}/m_{00} \\ y_C = m_{01}/m_{00} \end{cases} \tag{4-9}$$

圆度 γ 为

$$\gamma = \frac{M_{20} + M_{02} + \sqrt{(M_{20} - M_{02})^2 + 4M_{11}^2}}{M_{20} + M_{02} - \sqrt{(M_{20} - M_{02})^2 + 4M_{11}^2}} \tag{4-10}$$

通常，可用重心作为特征点的位置；或者当 γ 接近 1 时，认为特征区域接近圆形，把圆心定义为特征点的位置。文献［156］介绍了 Zernike 矩、Hu 不变矩、Wavelet 矩、熵等表征方法。典型的，例如 Hu 不变矩，其理论上对于平移、旋转和比例变化稳健，但是，其统计区域的确定本身就是个问题，计算量大，且受图像质量和变形等因素影响。文献［157］提出了 Orthogonal Gaussian‑Hermite 矩，该矩能够适应图像的旋转，然后将图像的匹配转化为平移问题。

基于窗口的统计量定位方法，易受噪声的影响，并与窗口的形状、大小和中心点位置密切相关，定位精度不是很高。

（5）曲线求交的定位方法

一些学者认为，任何角点总是由边缘组成，通过精确提取组成角点的两条边缘直线，解算交点得到角点位置，可得到亚像素级的定位精度。而事实并非如此，千差万别的图像之间存在很大差别，规则的直线相交型角点很少（建筑物除外），精度更难保证。

4.1.3　二维傅立叶变换基础上的匹配

基于傅立叶变换进行图像匹配的原理是[158]，结合二维傅立叶变换的性质[159]，将平移信息转化为自相关的频域角度信息，然后通过检测频域的相移（存在相移模糊问题），确定位移信息。其主要针对图像的灰度变化和平移变化，前提是初始匹配点的精度在 0.5 个像素内，并且不存在混频问题。

如果转换到极坐标下，图像的旋转将变换到频域的相移。

$$F(u,v)[f(\rho,\theta-\theta_0)] \longleftrightarrow e^{-j\nu\theta_0} F(u,v)[f(\rho,\theta)] \tag{4-11}$$

尺度信息也有类似形式，即 Fourier‑Mellin 变换。

文献［160］和文献［161］在实部和虚部与两个坐标轴关系一致的前提下，给出了 Fourier‑Mellin 变换的证明，其忽略了虚部的特点，证明过程不够明了。文献［158］研

究了采样和混频对 Fourier - Mellin 变换的影响，指出算法在小混频的情形下效果较好。鉴于影响频率特性的主要是频谱分量中低幅部分，故对该部分的分量进行抑制，可一定程度提高估计精度。使用过程中，较大半径的平滑函数不一定能够有效降低高频分量的影响，Blackman 窗或 Blackman - Harris 窗[147]较为高效。

文献 ［162］ 做了类似试验，结果表明，当旋转角度大于 30 度时算法的效果下降；当尺度存在较大差异时，也会使处理的精度和效果下降。文献 ［163］ 进一步研究了傅立叶变换的影像匹配与刚性变换分量的检测，指出其在较大尺度变化和较大噪声情形下效果不佳。

文献 ［164］ 指出了该方法的一些固有缺陷，比如：当存在旋转和缩放时，相关峰值显著降低；相关峰值所在位置并不可靠地对应正确的匹配参数；当尺度变换较大时不能正确地进行匹配等。影响算法精度和适用性的主要原因有：1) 离散傅立叶变换总是自动地将输入函数周期化，且周期等于函数的长度，它把有限图像无限复制平铺在空域中；而旋转和缩放与平铺不可交换，导致有限采样图像的旋转的傅立叶变换并不等于其傅立叶变换的旋转，Fourier - Mellin 算法此时不再成立；另外，平铺效应导致高频边缘会在傅立叶域中产生强烈的假象，其不可交换性引起了频域的混叠，在很多情况下这种混叠和假象都会湮没图像中原有信息，导致算法失效；2) 对有限图像的旋转、尺度和平移变换可能将图像中的数据移出匹配域，并引入一些新的像素点；3) 对于离散图像的旋转和缩放，必然会引入一些采样和插值误差，尤其在进行对数极坐标变换运算时，离散采样误差和边缘欠采样引起的频域混叠，对匹配结果有较大的影响。这些原因常导致相位相关产生很低的峰值甚至假峰值、低信噪比、可求解的参数范围有限等问题。

对于尺度差异而言，一方面，尺度变形更易导致图像内容的损失或改变，尺度差异越大，改变越大；另一方面，图像尺度变化引起对应傅立叶域频率成分的收缩或扩展，使频率成分的分布发生变化，使得对数极坐标变换的不均匀采样和抑制混叠的滤波器对其产生的影响很难估计。因此，对图像尺度变换参数的求解比旋转参数求解更为困难。如果在原始图像上直接进行 log - polar 变换而不是对其傅立叶幅度谱进行变换，可将尺度参数求解范围大大扩展，但这样不能分离出平移量的影响，平移量需要对图像遍历才能求出，很难找出变换的中心点。

从效果上，该类方法只能达到与最小二乘影像匹配相近的精度，在整幅图之间匹配时可以考虑，对于具有较多特征点的匹配时并不适合，尤其是存在相位模糊问题、大量的 FFT 变换和 FFT 反变换耗时，对于角度量和尺度量的解算需要转化到极坐标下进行，然后采用类似确定位移的方法反解，运算量非常大，并且适用范围有限，不再进一步讨论。

4.1.4　基于图像变换的影像匹配算法

通常，我们无法得到连续的、无噪声的影像对 $F(x, y)$ 和 $G(x, y)$，相反，只能得到有各种噪声的采样图像 $\hat{F}(x, y)$ 和 $\hat{G}(x, y)$。

$$\hat{F}(x,y) = [F * h](x,y) + n_F(x,y) \qquad (4-12)$$

$$\hat{G}(x,y)=[G*h](x,y)+n_G(x,y) \qquad (4-13)$$

其中，h 表示点的扩展效应、光学变形等综合误差的响应函数，$n_F(x,y)$ 和 $n_G(x,y)$ 表示噪声。因此，处理图像之前进行必要的平滑和预处理是非常必要的。文献［165］讲了一些采样的方法，并指出，线性插值对极值的影响会产生不稳定性，通常会破坏影像的极值和位置信息，尤其针对小位移情形。

文献［166］中，假设在窄基线下，在良好的成像系统中，以反算模拟照片为准，在理想信噪比下，针对视差连续区域，匹配可达到 1/20 个像素。并指出通常的影响因素：粗差（大于等于 10 pixel）、边界形特征点和边界依附效应（依附效应或肥胖效应，约 1 pixel）、量化误差（约 0.02 pixel，这和相机的成像质量和算法中的插值方法等因素有关，一般校正后影像的量化误差较大）。

文献［149］指出，一些立体匹配算法通常认为相关影像间的颜色信息平滑过渡，然而，在光照方向不同、成像设备不同、光照颜色等不同时，颜色的一致性通常被破坏。此时颜色信息并不可信，颜色连续性并不一定满足。文中从光谱的特点和角度分析，利用颜色不变量进行描述和 NCC 加权策略，减少了边界的肥胖效应影响。

文献［167］在 SIFT 算法的基础上进行刚性最小二乘变换迭代微调特征点位置。文献［168］采用仿射模型缩小了最小二乘影像匹配的搜索范围，并扩展到三维金字塔结构中，其中，采用三次小样条函数逼近 Sinc 函数实现高精度的采样。并将三维的平移变换、旋转变换和尺度变换的参数进行分解，利用微分量调整。收敛条件也做了相应调整，即整体残差变小、调整量变小、调整的角度或参数不再改变。然而，如本节引言所示，最小二乘影像匹配类的算法不足仍然存在。

结合上述分析，高精度的特征点定位与匹配需要有更好的高精度匹配算法，以进一步提高匹配精度，同时还需注意：1）算法的稳健性和适用范围；2）变换过程带来的附加计算量，即算法的效率和速度；3）变换误差、采样噪声等对算法的影响；4）科学的、有效的试验方法，进行算法的验证与评估。

4.2　高精度像对一致纠正方法

一些统计量[169,170]与点的位置和窗口类型、窗口半径密切相关；曲线拟合求极值点的方法易受噪声影响，拟合精度不高；大尺度点在小尺度进行精确定位，未必能保证收敛；基于运动估计的高精度匹配，往往达不到很高的精度；一些拟合方法会增加特定形状的拟合精度，但仅限于特定形状的特征点。

Affine-SIFT 算法中将角度转化为"经纬度"信息的变化，以实现较大视角变化下的像对纠正，从而实现大视角下近似平面目标的匹配。然而，其对角度采样的精度不高，算法的效率很低。

正射纠正严格依靠同名点和内外方位参数，其制作过程和匹配是个矛盾的过程，而且，正射影像的制作很难达到全局的、非常高的精度。

事实上，对于摄影测量相机的小孔成像模型，假设像平面与景物保持基本平行，成像的结果是：同一照片上，相同的像素大小代表的实际物理尺寸（景物尺度）不同，中间稍大，周围稍小。同时，由于摄影主距的存在，意味着透视投影关系在不同地方有着不同的比例关系，进而引起尺度上的差异。

受全局的透视不变特征的启发，可通过一定模型或变换方法确定局部图像间的变换关系，将像对变换为接近一致的状态。对于遥感影像而言，在相对定向已知的前提下，可将影像变换到同一基准下，研究该基准下的高精度匹配，然后再将匹配点的坐标通过逆变换还原到原始影像间的像素坐标。这会给匹配的可靠性、定位精度、粗差探测等环节带来极大方便。

4.2.1　框幅式核线几何求取方法的多样性和存在的问题

除了相机畸变，下列因素常常影响核线几何求取的精度和稳定性。

（1）经典核线几何理论下的不稳定性和影响精度的因素

在一些情况下，经典核线几何求取的模型存在不稳定性，例如：

1）两张照片的光心重合（或近似重合），成像时主要存在光轴方向的差异，如定点拍摄，如图 4-1（a）所示。此时，基线不存在或很小，核点也不存在或极不稳定，核线几何不稳定。

2）相机沿光轴移动时，光心连线与主光轴方向一致（或基本一致），如图 4-1（b）所示。此时，光心连线通过像片中心，传统示意图下的核线不存在。而同名点位于对应核线上，仍然成立[171]，但此时的核线重排列在主点附近的效果较差。

3）两次成像主光轴平行，如图 4-1（c）所示。此时，光心的连线与两个像平面平行，与像平面无交点，不存在核点，或者认为核点在无穷远处。主光轴接近平行或存在一个微小的角度时，核点位置的拟合将不准确，核线的方向也不能严格确定。

4）如果光心的连线与其中一幅图的像平面平行，而与另一幅图之间有一个夹角，如图 4-1（d）所示。此时，将不存在该图对应的核点，核点的拟合将不准确，导致核线几何不稳定。

而后两种情形，在航拍遥感影像中经常出现。此时，直接利用核线和核点的核线几何确定算法将不奏效，引起较大误差。所以，基于相对定向的核线求取方法，具有更广泛的适应性，然而，定向参数的强相关性等因素使得解算过程复杂，针对重叠度较小的像对，相对定向的核线几何求取方法也具有一定不稳定性。

在高精度摄影测量中，常需要较短基线、较好的相机和较高的成像质量，在上述状态下，尤其是基线较短或非常短时，将产生不稳定的核线解。因此，有待更好的约束方法。

（2）在全自动影像匹配过程中，难免有少量误匹配点的存在，在误匹配点的干扰下，基于共面条件约束的核线几何求取方法，很难保证很高的精度。

受以上分析的启发，提出一种影像间视角差异全局一致纠正算法，利用合理的变换模型和求取方法，采用高精度的重采样，把中心投影纠正成近似平面投影，把倾斜投影纠正成正视投影，从而减少全局尺度不一致、角度不一致对高精度影像匹配的影响。

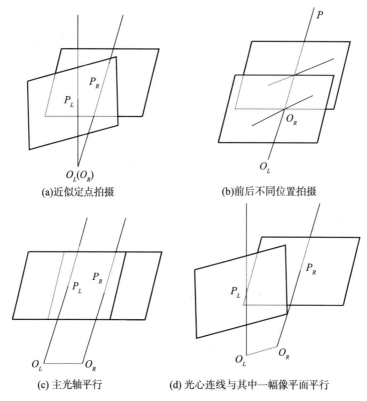

(a)近似定点拍摄　　　　　　　　　(b)前后不同位置拍摄

(c) 主光轴平行　　　　(d) 光心连线与其中一幅像平面平行

图 4-1　核线几何求解中不稳定的几种情形

4.2.2　定向参数已知下的视角差异全局一致纠正算法

在遥感影像的摄影过程中，默认物距远大于相机的焦距（主距）。

（1）将小孔成像变为平行投影，即图像的尺度校正

对于图像中心以外的任意点 $P(x, y)$，默认像素坐标已经中心化，设其与主光轴 OO_{XY} 之间的夹角为 θ，如图 4-2 所示。

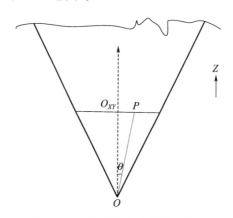

图 4-2　小孔成像中心投影示意图

　　则有

$$\tan\theta = \sqrt{x^2 + y^2}/f \qquad\qquad (4-14)$$

其中 f 为相机的主距。所以，在景深变化相对物距较小时，该点相对于主点 $O_{XY}(0，0)$ 的尺度微变量 $\mathrm{d}\rho$ 与角度变化量 $\mathrm{d}\theta$ 之间的关系为

$$\mathrm{d}\rho = \mathrm{d}[f\tan\theta] = f\sec^2\theta\,\mathrm{d}\theta \qquad\qquad (4-15)$$

　　于是 $P(x，y)$ 处的尺度 $\rho(x，y)$ 为

$$\rho(x,y) = f + (x^2 + y^2)/f \qquad\qquad (4-16)$$

　　可见，如果以中心点的尺度作为标准，即 $\rho(0，0) = f$，则其他点的尺度相比中心点的尺度应为

$$\rho'(x,y) = 1 + (x^2 + y^2)/f^2 \qquad\qquad (4-17)$$

于是，对整幅图进行近似平行投影校正

$$[x'\quad y'] = \rho'(x,y)\,[x\quad y] \qquad\qquad (4-18)$$

该纠正仅在像平面内进行，所以，纠正前后像点的齐次坐标形式仍然是 $(x，y，-f)$。

　　（2）平行投影的倾斜纠正

　　对于影像上的任一点 $Q(x，y)$，其在成像坐标系中的齐次坐标为 $(x，y，-f)$，假设此时相机的光心在世界坐标系中的坐标为 $O(X_p，Y_p，Z_p)$，相机的主点坐标在世界坐标系中的坐标为 $O_c(X_c，Y_c，Z_c)$，各坐标系的单位均为像素，如图 4-3 所示。

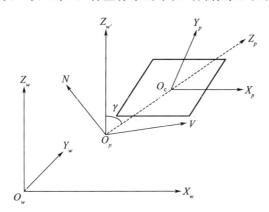

图 4-3　世界坐标系与相机坐标系的新变换

　　其中，$O_P N$ 为相机坐标系 Z 轴 $O_P Z_P$ 与世界坐标系 $O_w Z_w$（或 $O_P Z_{w'}$）之间平面的正交向量，如果将 $O_P Z_P$ 在 $Z_{w'} O_P Z_P$ 平面内绕 $O_P N$ 旋转 γ 角至 $O_P Z_{w'}$，即可使得其与世界坐标系 Z 轴转动到一致，然后绕 $O_P Z_{w'}$ 旋转一个合适的角度，即可将相机坐标系旋转到世界坐标系（平移除外，事实上平移向量已知）。

　　从另一角度讲，如果首先在相机坐标系统 $O_P Z_P$ 轴旋转一个合适角度 α，即在像平面旋转 α 后，再绕 $O_P N$ 轴把 $O_P Z_P$ 旋转 γ 至 $O_P Z_{w'}$ 即可。此时，成像时相机沿 Z 轴方向的旋转也包含于角度 α 中，此 α 作为变量，以后整体解算。

　　$O_P Z_P$ 在 $Z_{w'} O_P Z_P$ 平面绕 $O_P N$ 旋转 γ 角至 $O_P Z_{w'}$ 的求解成为关键。

于是引入坐标系 $O_P - VZ_{w'}N$，向量 $\overrightarrow{O_PZ_P}$ 满足

$$\overrightarrow{O_PZ_P} = (X_c - X_o)\vec{i} + (Y_c - Y_o)\vec{j} + (Z_c - Z_o)\vec{k} \qquad (4-19)$$

向量 $O_PZ_{w'}$ 平行于世界坐标系的 O_wZ_w 轴，所以，$\overrightarrow{O_PZ_{w'}} = \vec{k}$，于是

$$\begin{cases} \overrightarrow{O_PN} = \overrightarrow{O_PZ_{w'}} \times \overrightarrow{O_PZ_P} \\ \overrightarrow{O_PV} = \overrightarrow{O_PN} \times \overrightarrow{O_PZ_{w'}} \\ \cos\gamma = \overrightarrow{O_PZ_{w'}} \cdot \overrightarrow{O_PZ_P} / (|\overrightarrow{O_PZ_{w'}}| \cdot |\overrightarrow{O_PZ_P}|) \end{cases} \qquad (4-20)$$

对于任意单位向量 $q(q_1, q_2, q_3)$，由于绕其旋转 φ 角的变换矩阵为

$$M_{q(q_1,q_2,q_3)\not\approx\varphi} = \begin{bmatrix} (1-\cos\varphi)q_1{}^2 + \cos\varphi & (1-\cos\varphi)q_1q_2 + q_3\sin\varphi & (1-\cos\varphi)q_1q_3 - q_2\sin\varphi & 0 \\ (1-\cos\varphi)q_1q_2 - q_3\sin\varphi & (1-\cos\varphi)q_2{}^2 + \cos\varphi & (1-\cos\varphi)q_2q_3 + q_1\sin\varphi & 0 \\ (1-\cos\varphi)q_1q_3 + q_2\sin\varphi & (1-\cos\varphi)q_2q_3 - q_1\sin\varphi & (1-\cos\varphi)q_3{}^2 + \cos\varphi & 0 \\ 0 & 0 & 0 & 1 \end{bmatrix}$$

$$(4-21)$$

将 $\overrightarrow{O_PN}$ 单位化，并代入 $\varphi = \gamma$，不难求得上述变换。

然后，将相机坐标系整体进行上述变换，求得在 $X_wO_wY_w$ 平面新的 X 轴与 O_wX_w 轴之间的夹角，通过上述类似旋转变换，即可实现世界坐标系和相机坐标系的一致。

然后将解算得到的齐次坐标变为像平面的二维坐标，即可实现倾斜影像到近似正视（世界坐标系的参考方向）影像的纠正。

综合前两步，可将小孔成像的倾斜影像纠正到近似正视且尺寸为实际场景缩小后的平行投影。

4.2.3 定向参数未知下的视角差异全局一致纠正算法

摄影过程中，摄影平面和最佳正视摄影之间总存在一定的角度，使得影像上的尺度信息不再对称；同时，在小孔成像模型中，影像上景物的尺度和真实尺度的比例并不一致，表现为偏离中心较远的景物的尺度被小孔成像模型机制相对缩小。因而，通过修正该角度量和尺度量，能够将景物在图像上的尺度近似调整到一致，从而实现高精度的处理。

如果将像对 A 和 B 经过上述纠正，使得图像为真实场景的缩小平面图，则不同位置特征在影像中的尺度将接近一致，进而提高匹配精度。主要思想为：首先进行一个小孔成像向缩小的平行投影的变换，此时单幅影像中特征的尺度将基本保持一致；然后，将影像在像平面旋转一定角度，使得旋转后的 Y 轴正好和该像片与参考正视平面的交线重合，然后进行倾斜影像的修正；接下来，对于两幅具有一定重叠的像对，再进行一个整体的刚性变换即可实现两幅影像的全局一致纠正。如图 4-4 所示。

前提是遥感影像的主点坐标 (x_0, y_0)、像元大小 μ 和相机的主矩 f 已知，单位均为像素。同时，已经有一定数量分布均匀的稀疏匹配同名点。

（1）单幅影像的全局一致纠正

1）把图像的尺度纠正为全局一致，实现中心投影向平行投影的变换。

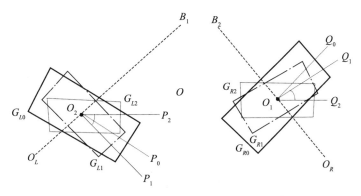

图 4 - 4　影像间视角差异全局一致纠正示意图

2）单幅影像特定角度旋转。将像片绕中心点在像平面内旋转一个合适角度 α，其变换 A_1 为

$$A_1 = \begin{bmatrix} \cos\alpha & -\sin\alpha \\ \sin\alpha & \cos\alpha \end{bmatrix} \tag{4-22}$$

3）单幅影像相对参考平面的倾斜纠正。由于像平面与局部世界坐标系的 XOY 平面交于一条直线（如果两平面平行，则这条直线可以任意选择，下一步倾斜角度的拟合会自动确定），如图 4 - 5 所示的 Y 轴，然后，沿 Y 轴在世界坐标系中旋转 β 角度，然后将齐次坐标修正成平面坐标，即可实现图像的倾斜校正。

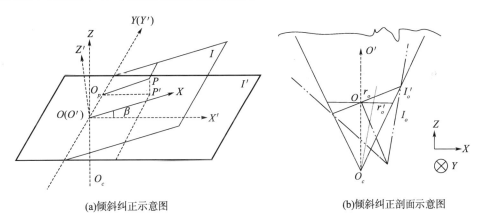

(a)倾斜纠正示意图　　　　　　　　　　(b)倾斜纠正剖面示意图

图 4 - 5　倾斜纠正示意图及其剖面图

对任一点 $(x, y, -f)$，绕向量 $(0, 1, 0)$ 旋转 β 角，可知旋转后的点 (x', y', z') 满足

$$(x', y', z') = (x, y, -f) \begin{bmatrix} \cos\beta & 0 & -\sin\beta \\ 0 & 1 & 0 \\ \sin\beta & 0 & \cos\beta \end{bmatrix} \tag{4-23}$$

转化到像素坐标系坐标 (x'', y'') 为

$$\begin{cases} x'' = (-x\cos\beta + f\sin\beta)/(x\sin\beta + f\cos\beta) \\ y'' = -y/(x\sin\beta + f\cos\beta) \end{cases} \qquad (4-24)$$

变形后可得

$$\begin{cases} x'' = \dfrac{1}{x/f + \cot\beta} - \dfrac{1}{f/x + \tan\beta} \\ y'' = -y/(x\sin\beta + f\cos\beta) \end{cases} \qquad (4-25)$$

综合可知

$$\begin{cases} x_{A'} = [-(x_A\cos\alpha + y_A\sin\alpha)\cos\beta + f\sin\beta]/[(x_A\cos\alpha + y_A\sin\alpha)\sin\beta + f\cos\beta] \\ y_{A'} = -(-x_A\sin\alpha + y_A\cos\alpha)/[(x_A\cos\alpha + y_A\sin\alpha)\sin\beta + f\cos\beta] \end{cases}$$
$$(4-26)$$

（2）像对间视角差异全局一致纠正

设两幅图的像素坐标分别为 (x_A, y_A) 和 (x_B, y_B)，经过上述纠正变换后的坐标分别为 $(x_{A'}, y_{A'})$ 和 $(x_{B'}, y_{B'})$，于是，两图之间的转换关系为

$$s_{AB}\,[\,x_{A'}\quad y_{A'}\,] + [\,x_{AB}\quad y_{AB}\,] = [\,x_{B'}\quad y_{B'}\,]\begin{bmatrix} \cos\theta_{AB} & \sin\theta_{AB} \\ -\sin\theta_{AB} & \cos\theta_{AB} \end{bmatrix} \qquad (4-27)$$

其中

$$\begin{cases} x_{B'} = [-(x_B\cos\phi + y_B\sin\phi)\cos\omega + f\sin\omega]/[(x_B\cos\phi + y_B\sin\phi)\sin\omega + f\cos\omega] \\ y_{B'} = -(-x_B\sin\phi + y_B\cos\phi)/[(x_B\cos\phi + y_B\sin\phi)\sin\omega + f\cos\omega] \end{cases}$$
$$(4-28)$$

ϕ 和 ω 为 B 图对应的倾斜修正参数，其中，默认焦距相同。

上式中涉及的变量有 α，β，ϕ，ω，s_{AB}，θ_{AB}，x_{AB} 和 y_{AB} 共 8 个，其中包含多个变量之间的乘积，如果直接用微分方程线性化，解算过程比较复杂。α，β，ϕ，ω 四个参数由拍摄角度决定，随机性比较大，对应的 s_{AB}，θ_{AB}，x_{AB} 和 y_{AB}，尤其是 θ_{AB}，x_{AB} 和 y_{AB} 会随着四个校正角度参数变化，不利于直接求解。

然而，如果将 B 图直接校正到 A 图的对应状态，即以 A 图为基准，作为局部世界坐标系，从而简化求解过程。此时，相当于 α，β 参数已知，可以消去。s_{AB}，θ_{AB}，x_{AB} 和 y_{AB} 的初值可由匹配引擎参数计算法解算得到。于是，图像间的变换关系可表示为

$$s_{AB}\,[\,x_A\quad y_A\,]\begin{bmatrix} \cos\theta_{AB} & \sin\theta_{AB} \\ -\sin\theta_{AB} & \cos\theta_{AB} \end{bmatrix} + [\,x_{AB}\quad y_{AB}\,]$$
$$= \begin{bmatrix} [-(x_B\cos\phi + y_B\sin\phi)\cos\omega + f\sin\omega]/[(x_B\cos\phi + y_B\sin\phi)\sin\omega + f\cos\omega] \\ -(-x_B\sin\phi + y_B\cos\phi)/[(x_B\cos\phi + y_B\sin\phi)\sin\omega + f\cos\omega] \end{bmatrix}^{\mathrm{T}}$$
$$(4-29)$$

其中，仅有 ϕ，ω 两个参数完全未知，其为问题关键所在。为便于表示，可将 s_{AB}，θ_{AB}，x_{AB} 和 y_{AB} 的初值代入，然后解算 ϕ，ω。

令 $[\,\zeta_0\quad \xi_0\,] = s_{AB}\,[\,x_A\quad y_A\,]\begin{bmatrix} \cos\theta_{AB} & \sin\theta_{AB} \\ -\sin\theta_{AB} & \cos\theta_{AB} \end{bmatrix} + [\,x_{AB}\quad y_{AB}\,]$，于是得到

$$\begin{cases} \xi_0 \left[-(x_B \cos\phi + y_B \sin\phi)\cos\omega + f\sin\omega \right] = \zeta_0 (x_B \sin\phi - y_B \cos\phi) \\ \dfrac{1}{\xi_0}(x_B \sin\phi - y_B \cos\phi) = (x_B \cos\phi + y_B \sin\phi)\sin\omega + f\cos\omega \end{cases} \quad (4-30)$$

进一步化简，得到

$$\begin{cases} (\zeta_0 x_B + \xi_0 y_B \cos\omega)\sin\phi + (\xi_0 x_B \cos\omega - \zeta_0 y_B)\cos\phi = \xi_0 f\sin\omega \\ (x_B - \xi_0 y_B \sin\omega)\sin\phi + (-y_B - \xi_0 x_B \sin\omega)\cos\phi = f\xi_0 \cos\omega \end{cases} \quad (4-31)$$

对于遥感影像，通常 $|\omega| < 5°$，结合 Hough 变换的思想，ω 在 $[-5°，5°]$ 以 $0.1°$ 为步长，然后把 $\sin\phi$ 和 $\cos\phi$ 作为两个未知数，通过采用统计量解算线性方程，或者通过最小二乘法解方程，得到 $\sin\phi$ 和 $\cos\phi$ 的值，如果 $|\sin^2\phi + \cos^2\phi - 1| > \varepsilon$，则舍弃该组解，其中 ε 为设定的阈值。于是得到一组近似解，然后在这组解中计算下式评估函数 $F(\phi，\omega)$

$$F(\phi,\omega) = \{[-(x_B \cos\phi + y_B \sin\phi)\cos\omega + f\sin\omega]/[(x_B \cos\phi + y_B \sin\phi)\sin\omega + f\cos\omega] - \zeta_0\}^2 \\ + \{(-x_B \sin\phi + y_B \cos\phi)/[(x_B \cos\phi + y_B \sin\phi)\sin\omega + f\cos\omega] + \xi_0\}^2 \quad (4-32)$$

求取所有稀疏匹配同名点对应 $\sum\limits_{i=0}^{N} F(\phi，\omega)$ 的最小值，与之对应的 $\phi，\omega$ 即为所求解。

解算完 $\phi，\omega$ 后，结合 A、B 两图的同名点坐标解算更精确的 s_{AB}，θ_{AB}，x_{AB} 和 y_{AB}，并在此基础上再次修正 $\phi，\omega$ 的值，迭代 3~5 次即可，从而实现两幅影像间的高精度全局一致纠正。

（3）像对间视角差异全局一致纠正的逆变换

图像的尺度纠正，其逆变换相当于进行一个逆向的径向畸变，其严格表达式需要解二元三次方程，消元时次数会继续增高，不利于直接解算。因此，可采用正变换查询表的方式进行逆变换，查询表的精度由采样的精度确定，可保证足够的精度。求逆变换，可知

$$\begin{cases} (x_{B'} \sin\omega\cos\phi + \cos\omega\cos\phi)x_B + (x_{B'} \sin\omega\sin\phi + \cos\omega\sin\phi)y_B = f\sin\omega - fx_{B'}\cos\omega \\ (y_{B'} \sin\omega\cos\phi - \sin\phi)x_B + (y_{B'} \sin\omega\sin\phi + \cos\phi)y_B = -y_{B'} f\cos\omega \end{cases} \quad (4-33)$$

于是有

$$\begin{cases} x_B = \dfrac{1}{D} \begin{vmatrix} f\sin\omega - fx_{B'}\cos\omega & x_{B'} \sin\omega\sin\phi + \cos\omega\sin\phi \\ -y_{B'} f\cos\omega & y_{B'} \sin\omega\sin\phi + \cos\phi \end{vmatrix} \\ y_B = \dfrac{1}{D} \begin{vmatrix} x_{B'} \sin\omega\cos\phi + \cos\omega\cos\phi & f\sin\omega - fx_{B'}\cos\omega \\ y_{B'} \sin\omega\cos\phi - \sin\phi & -y_{B'} f\cos\omega \end{vmatrix} \\ D = \begin{vmatrix} x_{B'} \sin\omega\cos\phi + \cos\omega\cos\phi & x_{B'} \sin\omega\sin\phi + \cos\omega\sin\phi \\ y_{B'} \sin\omega\cos\phi - \sin\phi & y_{B'} \sin\omega\sin\phi + \cos\phi \end{vmatrix} \end{cases} \quad (4-34)$$

即为倾斜纠正的严格逆变换表达式。

（4）算法的实现

对于算法的实现，包括如下步骤：

1）对参考像对进行稀疏匹配，并进行匹配点的微调和误匹配剔除；

2）对两幅图分别进行中心投影向平行缩小投影变换；

3）利用自动化匹配引擎和变换后的同名点解算两幅之间的 s_{AB}，θ_{AB}，x_{AB} 和 y_{AB} 参数初值；

4）在 s_{AB}，θ_{AB}，x_{AB} 和 y_{AB} 参数初值的基础上，结合影像对间视角差异全局一致纠正方法，解算第二幅图变换到第一幅图的最佳一致倾斜纠正参数 ϕ，ω；

5）根据解算得到的 ϕ，ω 参数，代入 3）中，求解更准确的 s_{AB}，θ_{AB}，x_{AB} 和 y_{AB} 参数，然后再进行 4）步骤，解算更精确的 ϕ，ω 等参数；

6）将 4）～5）步骤迭代 3～5 次，提高参数的估算精度；

7）将第二幅图进行对应参数的变换，然后在变换后的图像之间进行高精度的匹配；

8）将解得的同名点进行逆变化，变换到原始影像的像素坐标系中。

至此，完成视角差异全局一致纠正下的高精度匹配。

需要注意的是，图像变换过程中采用高精度的保真采样（此时双线性插值对精度的影响较大，尤其是极值点附近插值点的精度不够），例如三次采样等。

对于恒姿无畸变假设下的线阵推扫式影像，也可按上述方法进行变换，只需要一个径向尺度纠正和一个沿飞行方向旋转角度的纠正即可，暂不展开讨论。然而，线阵推扫式影像的恒姿假设通常不存在，如果外参数的抖动误差或畸变等变换到像素坐标中相应误差大于 0.3 个像素时，就没有必要进行高精度的变换。

4.3 基于微分与加权滤波的高精度影像匹配算法

高精度的影像匹配算法，关键在于图像的质量和评价函数的设计。上节已将像对调整到近似最佳一致状态，本节主要对相关算法进行改进，使之具有更好的精度、稳健性和速度，并作为评价函数的核函数，进行对应最小二乘影像匹配算法。

4.3.1 相关系数匹配法的改进

相关系数法是匹配中一个使用广泛、精度较高的衡量标准，然而，其计算量较大，不能适应图像的旋转变换，受文献［153］的启发，把角度信息融入相关函数，并进行函数的分解和细化，同时，利用图像积分的特点，提高匹配速度。

为了突出较近点对匹配结果的贡献，进行 NCC 高斯加窗约束，令

$$G(x,y,\sigma)=Normalized\left\{\exp\left[-\frac{x^2+y^2}{2\sigma^2}\right],x^2+y^2<(3\sigma)^2\right\} \quad (4-35)$$

即，$G(x，y，\sigma)$ 为在尺度为 σ 下的归一化高斯加权函数。从另一方面讲，对图像进行加权，然后再进行评价函数的运算，和在评价函数中对窗口内的图像进行加权效果等价。由于高斯窗为对称型窗口，高斯加权和高斯卷积效果等价。因此，只需要对图像进行特定尺度的高斯平滑即可，在匹配过程中，不再加权。这样，不仅能在尺度域高精度分析图像，还能大幅度提高速度。为方便以后表述，平滑处理前后图像的像素表达式不变。

经过纠正变换和重采样后，影像的局部块之间存在一个较小的平移量和角度，于是，NCC 可扩展为

$$NCC(u,v) = \frac{\sum \sum [f(i,j) - \bar{f}][g(i\cos\theta + j\sin\theta + u, -i\sin\theta + j\cos\theta + v) - \bar{g}]}{\sqrt{\sum \sum [f(i,j) - \bar{f}]^2 \sum \sum [g(i\cos\theta + j\sin\theta + u, -i\sin\theta + j\cos\theta + v) - \bar{g}]^2}}$$

$$(4-36)$$

当 θ 较小时，$\sin\theta \approx \theta$，$\cos\theta \approx 1$。

由于

$$\sum \sum [g(i\cos\theta + j\sin\theta + u, -i\sin\theta + j\cos\theta + v) - \bar{g}]^2 \approx \sum \sum [g(i+u, j+v) - \bar{g}]^2$$

$$(4-37)$$

式（4-36）可化为

$$NCC(u,v) = \frac{\sum \sum [f(i,j) - \bar{f}][g(i+j\theta+u, -i\theta+j+v) - \bar{g}]}{\sqrt{\sum \sum [f(i,j) - \bar{f}]^2 \sum \sum [g(i+u, j+v) - \bar{g}]^2}} \quad (4-38)$$

进一步化简可得

$$NCC(u,v) = \frac{\sum \sum [f(i,j) - \bar{f}][g(i+u, j+v) + \theta(jg_x - ig_y) - \bar{g}]}{\sqrt{\sum \sum [f(i,j) - \bar{f}]^2 \sum \sum [g(i+u, j+v) - \bar{g}]^2}}$$

$$(4-39)$$

对于特定的描述区域，上式的分母为常数，可利用积分法[172]快速求解。在最小均方误差的意义上，令

$$E(u,v,\theta) - \sum \sum \{[f(i,j) - \bar{f}][g(i+u, j+v) + \theta(jg_x - ig_y) - \bar{g}]\}^2$$

$$(4-40)$$

整理得

$$E(u,v,\theta) = \sum \sum \{[f(i,j) - \bar{f}]\}^2 \cdot \{[g(i+u, j+v) - \bar{g}]^2 + \theta^2(jg_x - ig_y)^2 + 2[g(i+u, j+v) - \bar{g}](jg_x - ig_y)\theta\}$$

$$(4-41)$$

由于 $g(i+u, j+v) \approx g(i,j) + ug_x + vg_y$ [在 u 和 v 较小时成立，相对任意参考点，可用 $i_0 + u'$ 和 $j_0 + v'$ 代替，其中 (i_0, j_0) 为参考中心，u' 和 v' 为一个微分小量，为便于表述和形式上的一致，以后不再区分 (i_0, j_0) 和 (i,j)，以及 u、v 和 u'、v']，于是

$$E(u,v,\theta) = \sum \sum \{[f(i,j) - \bar{f}]\}^2 \cdot \{[g(i,j) + ug_x + vg_y - \bar{g}]^2 + \theta^2(jg_x - ig_y)^2 + 2[g(i,j) + ug_x + vg_y - \bar{g}](jg_x - ig_y)\theta\}$$

$$(4-42)$$

可得

$$\begin{cases} \dfrac{\partial E}{u} = \sum \sum \{[f(i,j) - \bar{f}]\}^2 \cdot \{2[g(i,j) + ug_x + vg_y - \bar{g}]g_x + 2g_x(jg_x - ig_y)\theta\} \\[2mm] \dfrac{\partial E}{v} = \sum \sum \{[f(i,j) - \bar{f}]\}^2 \cdot \{2[g(i,j) + ug_x + vg_y - \bar{g}]g_y + 2g_y(jg_x - ig_y)\theta\} \\[2mm] \dfrac{\partial E}{\theta} = \sum \sum \{[f(i,j) - \bar{f}]\}^2 \cdot \{2(jg_x - ig_y)^2\theta + 2[g(i,j) + ug_x + vg_y - \bar{g}](jg_x - ig_y)\} \end{cases}$$

$$(4-43)$$

上式取得极值的条件是 $\dfrac{\partial E}{u} = \dfrac{\partial E}{v} = \dfrac{\partial E}{\theta} = 0$。如果令

$$\begin{cases} A_{11} = \sum \sum \{[f(i,j) - \bar{f}]\}^2 g_x g_x \\[2mm] A_{12} = \sum \sum \{[f(i,j) - \bar{f}]\}^2 g_x g_y \\[2mm] A_{13} = \sum \sum \{[f(i,j) - \bar{f}]\}^2 g_x (jg_x - ig_y) \\[2mm] A_{21} = A_{12} \\[2mm] A_{22} = \sum \sum \{[f(i,j) - \bar{f}]\}^2 g_y g_y \\[2mm] A_{23} = \sum \sum \{[f(i,j) - \bar{f}]\}^2 g_y (jg_x - ig_y) \\[2mm] A_{31} = A_{13} \\[2mm] A_{32} = A_{23} \\[2mm] A_{33} = \sum \sum \{[f(i,j) - \bar{f}]\}^2 (jg_x - ig_y)^2 \end{cases} \qquad (4-44)$$

$$\begin{cases} B_1 = \sum \sum \{[f(i,j) - \bar{f}]\}^2 \cdot [g_x g(i,j) - g_x \bar{g}] \\[2mm] B_2 = \sum \sum \{[f(i,j) - \bar{f}]\}^2 [g_y g(i,j) - g_y \bar{g}] \\[2mm] B_3 = \sum \sum \{[f(i,j) - \bar{f}]\}^2 (jg_x - ig_y)[g(i,j) - \bar{g}] \end{cases} \qquad (4-45)$$

可得

$$\begin{cases} u = \dfrac{1}{D} \begin{vmatrix} -B_1 & A_{12} & A_{13} \\ -B_2 & A_{22} & A_{23} \\ -B_3 & A_{32} & A_{33} \end{vmatrix} \\[8mm] v = \dfrac{1}{D} \begin{vmatrix} A_{11} & -B_1 & A_{13} \\ A_{21} & -B_2 & A_{23} \\ A_{31} & -B_3 & A_{33} \end{vmatrix} \\[8mm] \theta = \dfrac{1}{D} \begin{vmatrix} A_{11} & A_{12} & -B_1 \\ A_{21} & A_{22} & -B_2 \\ A_{31} & A_{32} & -B_3 \end{vmatrix} \\[8mm] D = \begin{vmatrix} A_{11} & A_{12} & A_{13} \\ A_{21} & A_{22} & A_{23} \\ A_{31} & A_{32} & A_{33} \end{vmatrix} \end{cases} \qquad (4-46)$$

在实现过程中，为了提高速度，可利用文献［172］的方法建立多个积分图，然后快速解算其中的累积量。然后，按照下式迭代

$$\begin{cases} u(n+1)=u(n)+u \\ v(n+1)=v(n)+v \\ \theta(n+1)=\theta(n)+\theta \end{cases} \tag{4-47}$$

终止条件为：调整量的变化幅度很小，残差的变化量很小，或残差发散（不收敛）。

4.3.2　基于图像纠正和改进相关系数法的最小二乘影像匹配算法

最小二乘法影像匹配算法充分利用了影像窗口内的信息进行仿射变换拟合平差计算，使影像匹配可以达到较高精度。然而，在匹配的迭代计算中，其与初值的准确性、可靠性以及图像的变形、信噪比等因素密切相关仍然存在困难：1）最小二乘影像匹配的精度随着影像间角度的增大而降低，角度从 0 度变化到 40 度时，真实误差从 0.1 升到 0.5 个像素[173]；2）其受图像的变形和扭曲及噪声的影响[174]，常常收敛到局部极值，或者不收敛。另外，其收敛条件和判决阈值，对不同类型不同条件下的影像，很难有统一的标准；3）较大的计算量限定了其应用速度和范围。

本章针对特殊情形下的最小二乘影像匹配，设计和使用了如下核函数：

1）基于视角差异全局一致纠正基础上的改进相关系数。

2）平移调整核函数

$$g_1(x,y)+n_1(x,y)=g_2(a_0+x,b_0+y)+n_2(x,y) \tag{4-48}$$

3）平移和尺度比例核函数

$$g_1(x,y)+n_1(x,y)=h_0+h_1g_2(a_0+a_1x,b_0+b_1y)+n_2(x,y) \tag{4-49}$$

4）理想核线影像上的核函数

$$g_1(x,y)+n_1(x,y)=h_0+h_1g_2[a_0+(1+\varepsilon_s)x,y]+n_2(x,y) \tag{4-50}$$

便可以将最小二乘影像匹配模式调整为仅修正平移变化、平移和比例变化等模式，满足特定变换后影像间的匹配。

由于初值的选取对匹配精度有着重要的影响，为防止算法收敛于局部极值，可在原始初值附近的邻域进行变步长探索采样，从邻域的最优点开始迭代。

4.4　高精度对称型靶标点的提取与定位

靶标点，通常是一些特定点或区域的标识，通过靶标点识别和定位，可以实现瞄准、高精度制导、相机标定等功能。靶标点的自动识别和高精度定位是高精度制导、相机标定、绝对定向等领域中一个重要而基础的问题，极易受到影像成像质量、视角差异（主要针对三维）、信噪比、影像压缩等影响，自动识别的稳健性和定位精度是许多场合下的瓶颈问题。

点特征（或区域特征）的定位精度，通常只能达到亚像素级的精度，并且存在很多伪

特征和漏特征现象。数字相关法具有原理简单、适应性强和精度高等优点，但在旋转目标和尺度变形中很少用到，此时模板选择难以实现[175]。常用的最小二乘影像匹配算法，其与迭代的初值、旋转有较明显关系，实测过程中，精度（中误差）约在 0.1 到 0.5 像素不等，靶标点提取精度对于视角变化等影响的适应性较差。

圆心（椭圆圆心）拟合、形心法和灰度重心法是针对中心对称目标的亚像素算法，例如文献［176］将圆形角点的变形轮廓进行修剪，然后拟合圆心；文献［177］简要比较了一些常见的检测算法，仅考虑角点的局部几何特征，使得处理的数据量大为减少；文献［178］将畸变参数引入到曲线的拟合，然后求交。其速度较快，但对各向异性的灰度，例如视角变化、光照差异、特征的不规则性非常敏感[179]，定位精度为 0.2～0.5 个像素[175]。文献［156，180］介绍了 Zernike 矩、Hu 不变矩、Wavelet 矩，并利用它们定位特征点，然而，统计窗口与形状的确定是个潜在的问题，精度有限且计算量也很大。另外，圆和有尺寸的角点也存在一个共性：中心会受到透视变换的偏移。

对于模型拟合，例如小面元拟合具有一定的通用性[155,181,182]，但一般很难获得很高的亚像素精度[175]，通常只能达到 0.3 个像素左右。文献［49］通过仿射变换拟合特征点之间的变换关系，并将仿射变换进行泰勒展开，类似于最小二乘影像匹配，根据仿射变换的逆变换调整特征点的位置，实测中达到 0.2～0.3 个像素的精度。一些模型中较多的参数通常带来解算结果的不稳定性，陷入局部极值的可能性非常大。

数学模型拟合直线或曲线相交的方法，例如基于 Hough 变换估计直线并求取交点的方法[183,184]，Hough 实质上是采用极坐标定义和解算直线，稳健性较好，然而，其计算量非常大，精度不高，并且投票式求交方法通常受到直线离散化的影响，常产生变换域上多个极值，影响结果的准确性；文献［185］结合边界拟合和求交，通过实验模拟数据（由 DEM 通过构像方程反算得到）得到 0.1 个像素的匹配精度，实测精度在 0.1 到 0.5 个像素；文献［186］利用小波变换预处理图片，通过提取直线交点和矩形格的中点确定点的位置，实现 0.3～0.5 像素级的定位精度。常不能满足靶标点高精度定位的需求。

文献［179］等利用棋盘网格的交点为一点、不易受透视变换和非线性畸变影响的特点，将错切变换变为角度信息融入到解算过程，并采用高斯加窗的方法抵消邻域信息的影响，然后定义关于标准模板的最小二乘匹配解算，能提取 0.1 个像素级精度的交点。然而在实际处理过程中，棋盘格的颜色过渡为渐变的，并非有较明显的边界信息，这对下一步的精确定位提出挑战。

在上述算法的启发下，本节对其中的一些算法进行了实现和改进，并对高精度的靶标点提取算法进行了探索。

4.4.1　基于对称性约束的邻域重心交的靶标点探测

为了有效去除噪声、局部模糊、背景、光照差异对靶标点提取的影响[185]，高精度地提取靶标点的位置，首先对图像进行预处理，然后根据局部统计直方图去掉图像的背景信息，并利用图像的积分和方向积分快速解算网格点邻域的重心，根据重心矢量的相关性确定中心点，并利用矢量的求交精确确定靶标点的位置。具体包含如下部分。

（1）靶标图像的预处理

首先，将较暗的"＋"线条的颜色调整为亮色（如果本身为亮线条，则只用颜色分量合成），以 255 色阶为例，即

$$I'(i,j)=255-\left[0.299r(i,j)+0.587g(i,j)+0.114b(i,j)\right] \tag{4-51}$$

然后对图像进行高斯平滑，去掉高频噪声分量。即

$$I''(x,y)=I'(i,j)\otimes g(x,y,\sigma) \tag{4-52}$$

其中，$g(x,y,\sigma)$ 为方差为 σ^2 的高斯函数，$\otimes$ 表示卷积。$r(i,j)$、$g(i,j)$ 和 $b(i,j)$ 分别为原始影像的三原色分量，$I'(i,j)$ 和 $I''(x,y)$ 分别为变换后的灰度图。

为了消除不同光源或显示器不同角度成像时局部和整体数据统计规律不一致的弊端，将高分辨率的靶标影像划分为有一定重叠的动态网格。统计各分块图像的灰度直方图 $G_{\text{table}}(i)$，为更加稳定地探测峰值和谷值，对图像的直方图进行高斯平滑

$$G'_{\text{table}}(i)=G_{\text{table}}(i)\otimes\left[e^{-\frac{(x-i)^2}{2\sigma^2}}\cdot g_{4\sigma}(i-2\sigma)\right] \tag{4-53}$$

$g_{4\sigma}(\cdot)$ 表示宽度为 4σ 的门函数，然后采用非最大值抑制，探测出峰值点和谷值点。由于噪声、光照、视角不同等因素的影响，可能存在多个峰值点和谷值点，利用能量最大的"波峰"，并配合"波谷"以及一定权重的非极大峰值和谷值检测出分界岭，然后将小于分界岭的数值赋为 0，保留灰度值大于分水岭的值，从而实现局部图像的背景分离，如图 4-6 所示。

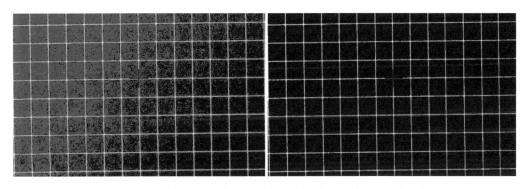

图 4-6　高分辨率靶标影像的局部反色图像和预处理后效果对比

（2）基于灰度重心的"＋"交叉点快速探测与定位

特征的检测和获取过程中需要多次解算邻域的灰度质心、灰度统计量和一阶统计量，图像的迭代积分[172]可以加快处理的速度。

若图像的积分记为 $I^{\Sigma}(x,y)$，则

$$I^{\Sigma}(x,y)=\sum_{i<x,j<y}I(i,j) \tag{4-54}$$

可利用迭代算法快速解算上式，即

$$\begin{cases} I^\Sigma(x,y) = I^\Sigma(x-1,y) + \sum_{\Omega \in S} I(x,y) \\ \sum_{\Omega \in S} I(x,y) = \sum_{\Omega \in S} I(x,y-1) + I(x,y) \end{cases} \quad (4-55)$$

于是，特定区域 Ω 内（$\Omega \in \{(x,y) \mid i - r_0 < x < i + r_0, \ j - r_0 < j < j + r_0\}$）的统计量 $\sum_{\Omega \in S} I(i,j)$，其快速获取如图 4-7 所示。

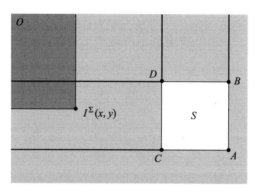

图 4-7　图像的积分和局部统计量的获取示意图

即有

$$\sum_{\Omega \in S} I(i,j) = I^\Sigma(x_A, y_A) + I^\Sigma(x_D, y_D) - I^\Sigma(x_B, y_B) - I^\Sigma(x_C, y_C) \quad (4-56)$$

同理，定义 $I_X^\Sigma(x,y)$ 和 $I_Y^\Sigma(x,y)$ 为影像分别在 X 和 Y 方向上的统计量，即

$$\begin{cases} I_X^\Sigma(x,y) = \sum_{i<x, j<y} i \cdot I(i,j) \\ I_Y^\Sigma(x,y) = \sum_{i<x, j<y} j \cdot I(i,j) \end{cases} \quad (4-57)$$

类似地，可计算

$$\begin{cases} \sum_{\Omega \in S} I_X(i,j) = I_X^\Sigma(x_A, y_A) + I_X^\Sigma(x_D, y_D) - I_X^\Sigma(x_B, y_B) - I_X^\Sigma(x_C, y_C) \\ \sum_{\Omega \in S} I_Y(i,j) = I_Y^\Sigma(x_A, y_A) + I_Y^\Sigma(x_D, y_D) - I_Y^\Sigma(x_B, y_B) - I_Y^\Sigma(x_C, y_C) \end{cases}$$

$$(4-58)$$

检测交点时，采用如下的约束条件：

1) 只有当 $\sum_{\Omega \in S} I(i,j)$ 大于一定阈值时才考虑，因为在空白区域时，$\sum_{\Omega \in S} I(i,j)$ 值接近 0，对检测区域的初始判断，会较大程度提高速度。此时能量的极大值点处在参考点附近的"+"相交直线的中心线上，而并非中心点。

2) 计算参考点上下左右邻域（距离在线宽之外的邻域）的灰度累积量，只有当左右和上下之间的变化量的比例均较小时，即该点的对称性较好时才进一步考虑。此约束将点的搜索范围控制在参考邻域"+"两条直线的交点附近。

3）分别计算上下左右邻域影像块的灰度质心，即

$$(x,y) = \left(\frac{\sum\limits_{\Omega \in S} I_X(i,j)}{\sum\limits_{\Omega \in S} I(i,j)}, \frac{\sum\limits_{\Omega \in S} I_Y(i,j)}{\sum\limits_{\Omega \in S} I(i,j)} \right) \qquad (4-59)$$

由于对称型靶标点的邻域具有对称性，所以其左重心与右重心形成的矢量 $\vec{P}_{LC \longrightarrow RC}$，以及上重心和下重心形成的矢量 $\vec{P}_{DC \longrightarrow UC}$，满足近似正交。即

$$\frac{\vec{P}_{LC \longrightarrow RC} \times \vec{P}_{DC \longrightarrow UC}}{|\vec{P}_{LC \longrightarrow RC}| \times |\vec{P}_{DC \longrightarrow UC}|} \approx 0 \qquad (4-60)$$

据此，可将对称性不好的点排除在阈值范围之外，例如阈值取 $\arccos\left(85 \times \dfrac{\pi}{180}\right)$ 表示不垂直的程度小于 5 度。

4）将线段 $L_C R_C$ 与 $D_C U_C$ 的交点确定为角点的初始位置。

5）在某一微小邻域仍然存在多个可能交点，选择交点最接近两条线段中点的作为最优候选点。

至此可以快速确定"＋"交点的准确位置，由于"＋"靶标的对称性，图像旋转不影响算法的性能。本算法将传统的提取靶标点程序的复杂度从 $O(N^4)$ 降到 $O(N^2)$，大幅度减少了处理时间，并且每个点实现了邻域内最优意义上的初始位置，保证了"＋"交叉点的重现率。

在相机标定时，固定网格的实际宽度，在图像中设置大小不一样的几个圆形或矩形点作为基准点，便可通过候选点能量大小的排序自动识别，然后，以基准点为基础，利用网格点的空间分布规律进行扩散，便可实现其他点空间坐标的自动赋值，从而快速实现靶标点的像素坐标与空间实际坐标的全部自动对应。

4.4.2　改进 Hough 变换拟合直线求交算法

设空间直线的方程为 $y = kr + b$，对任意检测点 (x_i, y_i)，将对应 i 条直线 $y_i = kx_i + b$，然后解算（2 组以上时采用最小二乘法）i 条直线的交点，可得到 (k_0, b_0)。然而，k 值在水平方向和垂直方向的斜率出现异常小值和异常大值，对拟合精度的不良影响较大。

Hough 变换的思想：将直线进行坐标变换

$$s = x\cos\theta + y\sin\theta \qquad (4-61)$$

这样每个点 (x_i, y_i) 对应变换空间 (s, θ) 所对应的正弦曲线，然后求曲线的交点，即可唯一确定直线参数。但由于此时的关系方程并非线性，常采用投票的方法检测极值点。然而，图像中所有点参与参数的解算，致使其计算量非常大，并且投票求交的结果通常受到直线离散化的影响，常会产生变换域上多个极值，影响结果的准确性。

故对算法进行以下改进。

（1）图像的预处理与拟合直线的初步确定

利用上节中的方法对图像进行预处理并得到靶标点的初始位置，并利用其中参考点"＋"线条的初始方向信息，即将 $\vec{P}_{LC \rightarrow RC}$ 作为水平方向的初始值，将 $\vec{P}_{DC \rightarrow UC}$ 作为垂直方向的初始值。

（2）在初始方向上求取对应线上的脊点集

在初始点邻域搜索初始方向上对称性较好的点，即定义为"脊点"，它们形成的集合称为"脊点集"，对应的约束函数为

$$F_X(x,y) = \sum_{i=1}^{r} \mid w_r(i,0) \mid \cdot [I(x+i,y) - I(x-i,y)]^2 \qquad (4-62)$$

$$F_Y(x,y) = \sum_{j=1}^{r} \mid w_r(0,j) \mid \cdot [I(x,y+j) - I(x,y-j)]^2 \qquad (4-63)$$

如图 4-8 所示，L_h 表示 $\vec{P}_{LC \rightarrow RC}$ 方向，L_v 代表 $\vec{P}_{DC \rightarrow UC}$ 方向，$F_X(x，y)$ 表示 L_v 方向的搜索，$F_Y(x，y)$ 表示 L_h 方向的搜索，$w_r(0，j)$ 选择惯量矩或者一阶矩均可。在参考方向上对称性最好的点，对应于其局部最小值点，并通过二次抛物线拟合极值点位置。

从而筛选出近似中心线上的两个点集 S_X 和 S_Y。

$$S_X\{(x_k,y_k) \mid (x_k,y_k) \in \min_{y=-r}^{r}[F_X(x,y),r < x < r]\} \qquad (4-64)$$

$$S_Y\{(x_k,y_k) \mid (x_k,y_k) \in \min_{x=-r}^{r}[F_Y(x,y),r < y < r]\} \qquad (4-65)$$

其中，r 表示处理邻域半径。对于"＋"点，靶标的旋转对上述函数的判断没有影响。

对于棋盘方格式的靶标影像，可利用中心对称性，将沿分界线对称性最不好的点集作为脊点集，即上述评价函数的行或列方向搜索的极大值点集。

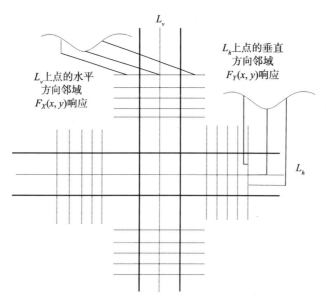

图 4-8　两个方向上脊点探测示意图

（3）利用候选点进行 Hough 变换，求直线参数

①Hough 变换与步长的设置

Hough 变换的焦点问题在于投票方式确定极值点位置的准确程度，大量试验表明，在计算机软件处理时，需要将角度 θ 离散化，例如从 0 度到 180 度，步长为 1 度，此时，响应函数 ρ 在角度 θ 的响应下出现更显著的离散效果，导致曲线的描述非连续化（容易形成很离散的点集，或者变化缓慢成"直方图"状）。直接影响传统投票法的可靠性和准确性。

因此，首先估算点集对应离散空间的值域，设定 ρ 的步长，并根据 ρ 的步长反算需要设定的 θ 的步长，当出现不连续时，动态缩小 θ 步长补充空缺的 ρ 值，使得 $\theta-\rho$ 曲线接近离散空间的连续。并根据拟合曲线的形状进行增强和模糊处理，使 $\theta-\rho$ 曲线趋于连续化。

图 4-9 为近似共线三点对应的 $\theta-\rho$ 曲线（垂直方向代表规格化后 θ，水平方向代表 ρ 在规格化后 θ 下的响应值）。左部分表示步长控制下的 $\theta-\rho$ 曲线，右部分为增强和平滑处理后效果。

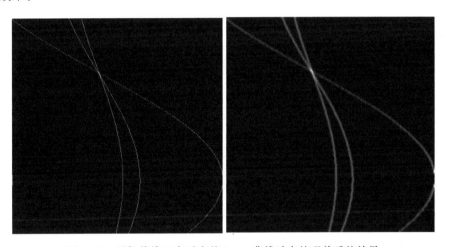

图 4-9　近似共线三点对应的 $\theta-\rho$ 曲线动态处理前后的效果

交点处的像素级（步长级）放大效果如图 4-10 所示。

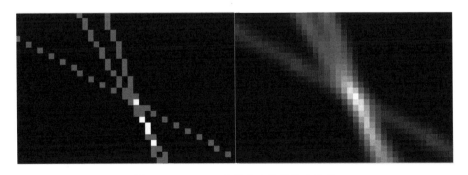

图 4-10　$\theta-\rho$ 曲线交点处的放大效果

②平移和比例变化对 Hough 变换求交点的影响

对于两点的 Hough 变换，可得

$$
\begin{cases}
\rho = (x_0)\cos(\theta) + (y_0)\sin(\theta) \\
\rho = (x_1)\cos(\theta) + (y_1)\sin(\theta)
\end{cases}
\tag{4-66}
$$

于是有 $\theta_0 = \arctan[-(x_0-x_1)/(y_0-y_1)]$，$\theta_0$ 的象限与 $(y_0-y_1,\ -x_0+x_1)$ 一致。对应地，$\rho_0 = (x_0)\cos(\theta_0) + (y_0)\sin(\theta_0)$。

对于平移变换后的 $(x'_0,\ y'_0)$ 和 $(x'_1,\ y'_1)$，即

$$
\begin{cases}
(x'_0, y'_0) = (x_0, y_0) + (\Delta x, \Delta y) \\
(x'_1, y'_1) = (x_1, y_1) + (\Delta x, \Delta y)
\end{cases}
\tag{4-67}
$$

若其 Hough 变换后的参数为 θ'_0 和 ρ'_0，可知

$$
\theta'_0 = \arctan\left(-\frac{x'_0 - x'_1}{y'_0 - y'_1}\right) = \arctan\left(-\frac{x_0 - x_1}{y_0 - y_1}\right) = \theta_0
\tag{4-68}
$$

$$
\begin{aligned}
\rho'_0 &= (x'_0)\cos(\theta_0) + (y'_0)\sin(\theta_0) \\
&= (x_0 + \Delta x)\cos(\theta_0) + (y_0 + \Delta y)\sin(\theta_0) \\
&= \rho_0 + (\Delta x)\cos(\theta_0) + (\Delta y)\sin(\theta_0)
\end{aligned}
\tag{4-69}
$$

对于 X 和 Y 方向上的等比例伸缩变换，其相应值仅为 ρ 的相应倍数。当参与描述的点较多时，采用最小二乘平差思想估算最优参数值。

③可逆变换下 Hough 变换两直线求交点

对于 $X-Y$ 下任意可逆变换 $A(\cdot)$，其逆变换为 $A^{-1}(\cdot)$。则其 Hough 变换满足

$$
\begin{cases}
\rho_X = A_X(x,y)\cos(\theta_X) + A_Y(x,y)\sin(\theta_X) \\
\rho_Y = A_X(x,y)\cos(\theta_Y) + A_Y(x,y)\sin(\theta_Y)
\end{cases}
\tag{4-70}
$$

不难证明其交点的坐标满足

$$
(x \quad y) = A^{-1}_{(X,Y)}
\begin{bmatrix}
[\rho_Y\sin(\theta_X) - \rho_X\sin(\theta_Y)]/[\sin(\theta_X - \theta_Y)] \\
[\rho_X\cos(\theta_Y) - \rho_Y\cos(\theta_X)]/[\sin(\theta_X - \theta_Y)]
\end{bmatrix}^T
\tag{4-71}
$$

当 $A(\cdot)$ 响应为单位矩阵响应时，即 $A^{-1}(\cdot) = A(\cdot) = E$，相当于仍然在 $X-Y$ 下的处理空间中。

在脊点集中，利用 Hough 变换求取直线，一方面可以减少异常点对 Hough 变换的影响，从而提高定位精度和稳健性；另一方面大幅度减少传统 Hough 变换所需的计算量。

试验表明，改进后的 Hough 变换，相对于原始 Hough 变换算法，一定程度上改善了稳定性和精度，抗噪能力变强，然而，在低噪声小变形下，精度仍然不够高。

4.4.3　基于脊点集最小二乘裁剪解算交点算法

提取脊点集，设其中某条直线方程为 $Ax + By - 1 = 0$。

一方面，接近水平直线和垂直直线具有非常小的斜率和非常大的斜率，对系数的解算很不利，于是在拟合前进行初始判断，如果相交直线接近水平和垂直，将点集的坐标整体旋转 45 度（最后解算完参数再逆向旋转 45 度）；另一方面，对于高分辨率影像，像素坐标的高度或宽度通常达到近万或超过万行，例如在点 (38，9 420) 附近拟合直线，相当于给 Y 坐标一个较大的权重，这对实际处理不利，所以把点集的坐标中心化，然后将中

心搬移到一个非零点邻域内（一些在原点扰动的点将较大影响估计的精度）。

对于脊点集中 N 个点，则有

$$Ax_i + By_i - 1 = 0, i = 0, 1, 2, \cdots N - 1 \tag{4-72}$$

定义误差函数

$$E(A,B) = \sum_{i=0}^{N-1} (Ax_i + By_i - 1)^2 \tag{4-73}$$

易知使得 $E(A,B)$ 最小时的 A、B 满足

$$\frac{\partial E(A,B)}{\partial A} = \frac{\partial E(A,B)}{\partial B} = 0 \tag{4-74}$$

即

$$\begin{cases} A\sum_{i=0}^{N-1} x_i^2 + B\sum_{i=0}^{N-1} x_i y_i - \sum_{i=0}^{N-1} x_i = 0 \\ A\sum_{i=0}^{N-1} x_i y_i + B\sum_{i=0}^{N-1} y_i^2 - \sum_{i=0}^{N-1} y_i = 0 \end{cases} \tag{4-75}$$

可知

$$\begin{cases} A = \left(\sum_{i=0}^{N-1} x_i \sum_{i=0}^{N-1} y_i^2 - \sum_{i=0}^{N-1} y_i \sum_{i=0}^{N-1} x_i y_i\right)/C \\ B = \left(\sum_{i=0}^{N-1} x_i^2 \sum_{i=0}^{N-1} y_i - \sum_{i=0}^{N-1} x_i \sum_{i=0}^{N-1} x_i y_i\right)/C \end{cases} \tag{4-76}$$

其中，$C = \sum_{i=0}^{N-1} x_i^2 \sum_{i=0}^{N-1} y_i^2 - \left(\sum_{i=0}^{N-1} x_i y_i\right)^2$。

通过上述方法可估算直线的初始参数，当偏移大于 3 倍平均偏移时，排除参与解算的点。然后，采用迭代最小二乘裁剪法[184]估计直线，并不断排除较大偏离的点和优化直线的参数。然后，求取直线的交点。

试验表明，在图像的噪声和变形很小时，算法的精度相近；当噪声和变形较大时，最小二乘估计法出现不稳定和估计不收敛的情形，整体稳定性不高。

4.4.4　基于惩罚函数约束的靶标点步进调整算法

为了避免局部极值的影响，根据靶标点的对称特性，采用惩罚函数的方法微调靶标点的位置，在初始靶标点附近以 0.1 个像素为步长，进行盲采样，然后采用二次曲线的极值拟合靶标点位置，从而实现 0.05 个像素级的设计精度。然后，定义角度变化惩罚函数，将靶标点的角度控制到必要的精度。详细如下。

在靶标点初定位的基础上，靶标点的精度可以约束在 0.5 个像素范围内（如果误差较大，可扩大搜索范围，不影响算法的效果）。于是，在靶标点初始位置的半径为 r 个像素的邻域内，以 $step$ 为步长，按照如下惩罚函数，计算响应值

$$F_{XY}(i,j) = \sum_{v=0}^{r} \sum_{u=-r}^{r} w_r(i,j) \big[I(x_0 + i \cdot step + u, y_0 + j \cdot step + v) - $$
$$I(x_0 - i \cdot step + u, y_0 - j \cdot step + v) \big]^2$$

$$(4-77)$$

$w_r(i,j)$ 为加权函数。例如，当 $w_r(i,j) = i \cdot step$ 或 $w_r(i,j) = j \cdot step$ 时，表示一阶矩，与邻域的质心相关；当 $w_r(i,j) = (i \cdot step)^2$ 或 $w_r(i,j) = (j \cdot step)^2$ 时，表示绕坐标轴的转动惯量。$I(x + i \cdot step, y + j \cdot step)$ 的取值由二维 Sinc 函数插值得到。由于靶标具有中心对称性，所以此惩罚函数能够适应角度的旋转。

然后将函数响应值进行统一化，搜索局部极值，并利用二次极值拟合条件拟合最小值点的位置

$$\begin{cases} x_0' = x_0 - \dfrac{\partial F_{XY}(x_0, y_0)}{\partial x} \Big/ \Big[\dfrac{\partial^2 F_{XY}(x_0, y_0)}{\partial x^2} \Big] \\[3mm] y_0' = y_0 - \dfrac{\partial F_{XY}(x_0, y_0)}{\partial y} \Big/ \Big[\dfrac{\partial^2 F_{XY}(x_0, y_0)}{\partial y^2} \Big] \end{cases} \qquad (4-78)$$

得到精确坐标。然后以参考点为中心，采用针对旋转角度的惩罚函数确定靶标点的方向

$$\begin{cases} F_\theta(k) = \sum_{j=0}^{r} \sum_{i=-r}^{r} w_r(i,j) \{ I[x_0 + F_X(i,j,k), y_0 + F_Y(i,j,k)] - I[x_0 + F_X(i,j,k), y_0 - F_Y(i,j,k)] \}^2 \\[3mm] \qquad\quad + \sum_{j=-r}^{r} \sum_{i=0}^{r} w_r(i,j) \{ I[x_0 + F_X(i,j,k), y_0 + F_Y(i,j,k)] - I[x_0 - F_X(i,j,k), y_0 + F_Y(i,j,k)] \}^2 \\[3mm] F_X(x,y,k) = x\cos(k \cdot step_\theta) - y\sin(k \cdot step_\theta) \\[2mm] F_Y(x,y,k) = x\sin(k \cdot step_\theta) + y\cos(k \cdot step_\theta) \end{cases}$$

$$(4-79)$$

$step_\theta$ 为角度调整步长，$F_X(x, y, k)$ 和 $F_Y(x, y, k)$ 中的坐标为局部中心化坐标。当靶标点的响应函数达到最小（或接近 0 时），靶标点正好转到正直方向，即"＋"两条线平行于两坐标轴。实现过程中，以直线拟合的初始角度为基础，采用变步长策略，先用较大步长锁定初始角度，然后用小步长精确搜索，从而精确确定靶标点的方向信息。

测试表明，该算法非常稳健，能够达到较高的精度，缺点是计算量很大，速度慢。为提高速度，一方面可采用并行化；另一方面可采用梯度下降法邻域搜索探测极大值（以少量靶标点陷入局部极值为代价）。

试验中也发现，组合算法会大幅度提高算法的稳健性和精度。

4.4.5　靶标点的单点最小二乘影像匹配式高精度定位算法

由于"＋"字型靶标点具有左右对称、上下对称以及中心对称的特点，可将高精度影像匹配的思想引申到自身和自身变换图像的匹配。

如图 4-11 所示，对于某初始靶标点位置点 P_0 对应于图 4-11（a），经过 180 度旋转后，其位置变为图 4-11（b）中的点 P_1，然后利用影像匹配的方法以图 4-11（a）中的 P_0 为模板，将图 4-11（b）中的点 P_1 与 P_0 进行匹配，可得到匹配点 P_2 的位置如图 4-

11（c）所示，然后将图 4 - 11（c）旋转 180 度后得到图 4 - 11（d）对应的点 P_4，此时点 P_4 与 P_0 所处的坐标系一致，然后取点 P_4 与 P_0 的中点 P_5 即为 P_0 调整过后的"＋"中心点，如图 4 - 11（e）所示。多次（一般 3 次即可）迭代便可得到精度更高的靶标点位置。

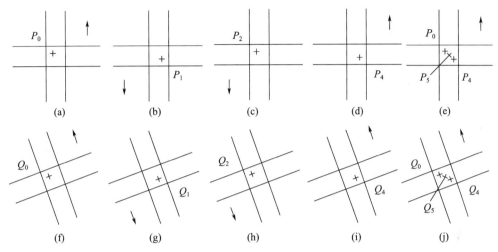

图 4 - 11　对称型靶标点高精度单点匹配式定位示意图

对于带有任意角度旋转影像中的点 Q_0，同样满足如上方法。

由于图像在操作过程中仅存在翻转变换（旋转 180 度），仅需要将像素重置即可，因而避免了采样误差和量化噪声。变换前后靶标的几何分布不变，尺度信息及比例关系不变，局部的光照条件亦不变，所以仅需考虑图像的平移变化，故令

$$g_1(x,y) + n_1(x,y) = g_2(a_0 + x, b_0 + y) + n_2(x,y) \qquad (4-80)$$

$n_1(x, y)$ 和 $n_2(x, y)$ 表示局部影像的噪声，尤其是非对称性噪声分量，$g_1(x, y)$ 和 $g_2(x, y)$ 分别表示原始靶标图和像素翻转后的灰度值，用全微分一次项表示上式有

$$\Delta g = \dot{g}_x \mathrm{d}a_0 + \dot{g}_y \mathrm{d}b_0 \qquad (4-81)$$

利用最小二乘残差的原理构造误差函数，故有

$$\begin{vmatrix} 1 \\ x_2 \\ y_2 \end{vmatrix} = \begin{vmatrix} 1 & 0 & 0 \\ a_0^i & 1 & 0 \\ b_0^i & 0 & 1 \end{vmatrix} \begin{vmatrix} 1 \\ x \\ y \end{vmatrix} = \begin{bmatrix} 1 & 0 & 0 \\ \mathrm{d}a_0^i & 1 & 0 \\ \mathrm{d}b_0^i & 0 & 1 \end{bmatrix} \begin{bmatrix} 1 & 0 & 0 \\ a_0^{i-1} & 1 & 0 \\ b_0^{i-1} & 0 & 1 \end{bmatrix} \begin{bmatrix} 1 \\ x \\ y \end{bmatrix} \qquad (4-82)$$

将距离参考点 x_i 较近的点取较大的权值，权值函数采用 Sinc 函数，记权值矩阵为 $\boldsymbol{W}$，$\boldsymbol{W} = \hat{}(w_1, w_2, \cdots)$，于是

$$\boldsymbol{WCX} = \boldsymbol{WL} \qquad (4-83)$$

$\boldsymbol{C}$ 表示微调量 $\dot{g}_x(i, j)$ 和 $\dot{g}_y(i, j)$ 组成的系数矩阵，$\boldsymbol{L}$ 表示 Δg 列向量，通过最小二乘求得

$$\boldsymbol{X} = (\boldsymbol{C}^{\mathrm{T}} \boldsymbol{Q} \boldsymbol{C})^{-1} \boldsymbol{C}^{\mathrm{T}} \boldsymbol{Q} \boldsymbol{L} \qquad (4-84)$$

如果 $\boldsymbol{C}^{\mathrm{T}} \boldsymbol{Q} \boldsymbol{C}$ 不可逆，则采样矩阵的广义逆求解。

然后，在初值（$a_0 = 0$，$b_0 = 0$）下，迭代微调靶标点的位置。直到迭代参数调整量很

小，或者残差函数值变化很小，或者开始发散为止。

试验表明，对于单点最小二乘影像匹配式靶标点定位算法，对图像的噪声和量化误差有很强的稳健性，整体精度很高，连续性假设下的精度优于 0.1 个像素。

4.5 影像匹配和定位精度的分析与验证

常用衡量和评价算法精度的方法有标准参考物检验法和仿真图像检验法两种，目前国际上通行的检验方法是仿真图像检验法[185]。本节将通过两种方法的结合对靶标点的定位精度和匹配精度进行评估和分析。

4.5.1 靶标点提取精度的试验和验证

（1）测试图片的生成与基准点位置的确定

模拟产生网格图，假设线宽 L_{wide}，方格的宽度为 B_{wide}。网格的生成方法为

$$I(x,y) = \begin{cases} 255 & \text{if } x \,(\text{mod } B_{wide}) \in [0, L_{wide}) \text{ or } y \,(\text{mod } B_{wide}) \in [0, L_{wide}) \\ 0 & \text{else} \end{cases}$$

$$(4-85)$$

对应的，第 M 行第 N 列的网格交点，即"+"中心点 $P(M,N)$ 的坐标为

$$\begin{cases} P(M,N).x = M \cdot B_{wide} + (L_{wide} - 1)/2 \\ P(M,N).y = N \cdot B_{wide} + (L_{wide} - 1)/2 \end{cases}$$

$$(4-86)$$

然后进行旋转、反色处理，并加入噪声。噪声为随机分布的高斯白噪声，设其规格化后噪声所占比例 N_G，即对应于 $[-N_G, N_G]$。为保证图像变换的精度，插值采用三次近似 Sinc 曲面插值。

图 4-12 为图像绕中心旋转 1.2 度，$N_G = 2.5$ 下的变换图。中间两点用于自动识别和确定方向。对应的，变换后网格点的真值为

$$\begin{cases} P'(M,N).x = \cos\theta[P(M,N).x - width/2] + \sin\theta[P(M,N).y - height/2] + width/2 \\ P'(M,N).y = -\sin\theta[P(M,N).x - width/2] + \cos\theta[P(M,N).y - height/2] + height/2 \end{cases}$$

$$(4-87)$$

（2）定位精度的测试比较

在不同的旋转角度、不同的噪声比例下，则误差为

$$RMSE = \sqrt{\frac{1}{Num}\sum_{i=0}^{Num}\{[x_c(i) - x_s(i)]^2 + [y_c(i) - y_s(i)]^2\}}$$

$$(4-88)$$

其中，$^*|_c$ 表示匹配算法的定位结果，$^*|_s$ 表示模拟的真值。

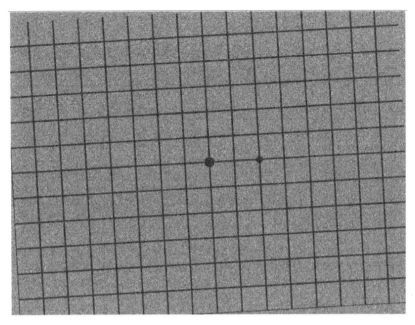

图 4 - 12　模拟生成的有噪带旋转的网格交点靶标图

（3）算法的测试

分别就 4.4 节中的 5 种算法进行测试和比较，图像的旋转角度（θ）和噪声比例（N_G）参数见表 4 - 1。

表 4 - 1　实验环境参数的设置

	第一组	第二组	第三组	第四组	第五组	第六组
$\theta/(°)$	1.2	3.6	5.8	12	30	45
$N_G/\%$	1	3.5	7.5	15	8	10

试验结果数据及分析如下。

1）交点初始探测算法的精度如图 4 - 13 所示。

可见，在小角度、小噪声干扰下，初始探测算法的精度较高，可以实现优于 0.15 个像素的定位精度，随着角度和噪声的增加，算法的可靠性下降，精度降低较为明显。

2）基于脊点集最小二乘裁剪解算交点算法效果如图 4 - 14 所示。

可见，和交点初始探测算法类似，在小角度旋转和小比例噪声干扰下，精度较高，可以实现 0.05 个像素以下的定位精度，随着角度和噪声的增加，算法的可靠性下降，精度降低。也进一步说明了最小二乘算法容易受到噪声等因素的影响。

3）改进 Hough 变换拟合直线求交算法结果如图 4 - 15 所示。

可见，改进 Hough 变换拟合直线然后求交算法，即使在很小的外部干扰下，定位精度也不是很高，约为 0.2～0.3 个像素，随着干扰因素的增加，精度下降。但相比初始探测法和最小二乘裁剪法，算法的稳健性较强。

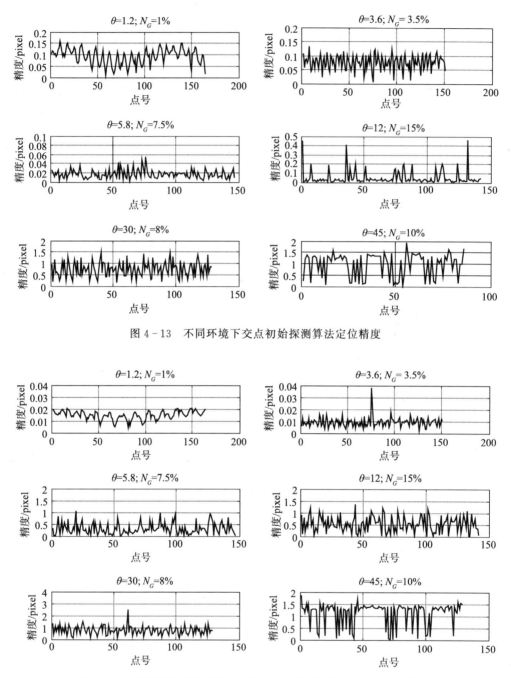

图 4-13　不同环境下交点初始探测算法定位精度

图 4-14　不同环境下基于脊点集最小二乘裁剪解算交点算法定位精度

4）基于惩罚函数约束的靶标点步进调整算法结果如图 4-16 所示。

可见，基于惩罚函数约束的靶标点步进调整算法，整体上定位精度较高，绝大部分情形下，精度在 0.1 个像素以下，角度可以修正到约 0.01 度。相比以上算法，精度均有提高。但是，随着噪声的增加和变形（主要数字图像"走样"误差），算法在一些点处出现局部极值，有一定比例点的精度不高，同时，时间开销较大。

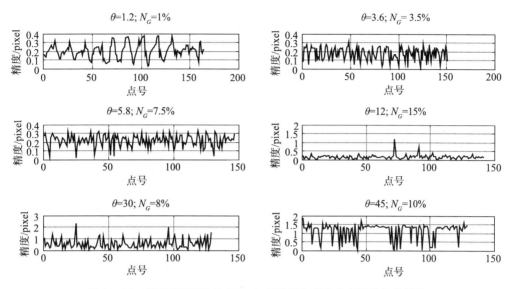

图 4-15　不同环境下改进 Hough 变换拟合直线求交算法定位精度

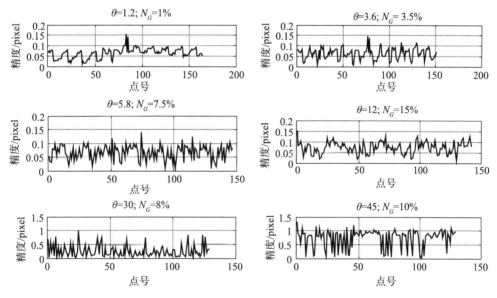

图 4-16　不同环境下基于惩罚函数约束的靶标点步进调整算法定位精度

5）单点最小二乘影像匹配式算法效果如图 4-17 所示。

可见，单点最小二乘影像匹配式算法能够有效适应图像的旋转、尺度变化、光照变化以及一定量的不对称噪声、透视变形等影响，实现 0.01～0.05 像素级的定位精度，稳健性最好，精度最高。

（4）不同算法之间的性能比较

分别对初始探测法、改进 Hough 变换拟合直线求交算法（简称改进 Hough 变换法）、基于脊点集最小二乘裁剪解算交点算法（简称最小二乘裁剪法）、基于惩罚函数约束的靶

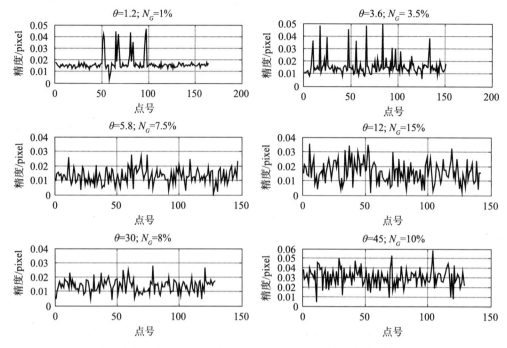

图 4-17　不同环境下单点最小二乘影像匹配式算法定位精度

标点步进调整算法（简称邻域盲采样优选法）、单点最小二乘影像匹配式算法进行比较。它们定位精度的比较如图 4-18 所示。

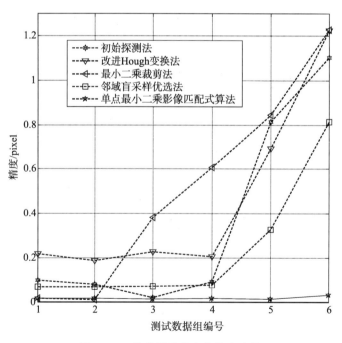

图 4-18　几种算法的定位精度比较

为更清晰了解精度数值，表 4 - 2 列出了不同算法的定位精度数值。

表 4 - 2　不同算法的定位精度比较

	RMSE(pixel)				
	初始探测法	改进 Hough 变换法	最小二乘裁剪法	邻域盲采样优选法	单点最小二乘影像匹配式算法
第一组	0.098 097	0.218 229	0.015 247	0.068 228	0.017 991
第二组	0.080 053	0.188 245	0.009 952	0.067 290	0.017 595
第三组	0.019 377	0.227 331	0.381 553	0.071 601	0.013 741
第四组	0.092 346	0.204 324	0.608 709	0.076 723	0.017 494
第五组	0.815 155	0.692 981	0.844 880	0.327 275	0.014 613
第六组	1.102 355	1.225 680	1.228 379	0.814 609	0.031 580

其中，单点最小二乘影像匹配式算法定位精度在 0.01～0.05 像素之间。

图 4 - 19 为噪声对不同算法定位精度的影响。

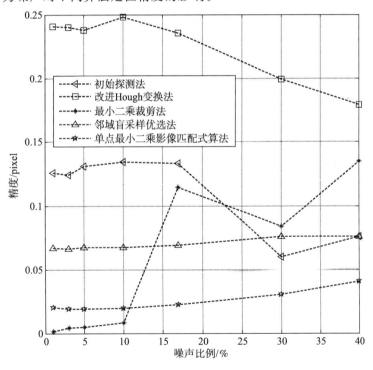

图 4 - 19　噪声对不同算法定位精度的影响

总体来讲，较窄的直线和相交部分经过旋转后，不同方向直线的边缘呈现非对称型的锯齿状边缘，如图 4 - 20 所示。一定程度影响了真实交点位置的拟合，导致前四种算法的精度出现明显下降。

它们的时间开销比较如图 4 - 21 所示。

就定位精度而言，单点最小二乘影像匹配式算法的定位精度最高，能实现优于 0.05 个像素的精度，邻域盲采样优选法在合适的步长下，能够达到近似的精度，但是以巨大的

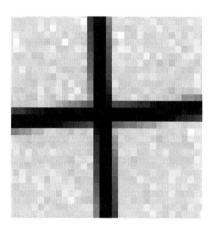

图 4 - 20　数字图像细线条旋转后引起的不对称性效果放大图

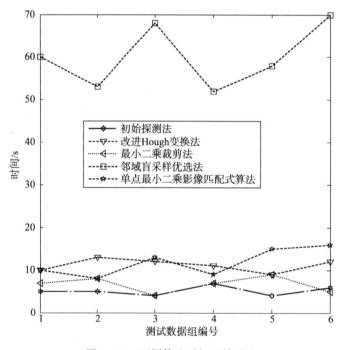

图 4 - 21　不同算法时间开销对比

时间开销为代价，步长的减小会出现较明显的假峰，精度不会明显提高。其他算法定位精度较低，中误差在 0.3～0.8 个像素甚至更大。

就抗噪性能而言，噪声和量化误差会一定程度降低定位精度，邻域盲采样优选法和改进 Hough 变换法稳健性相对较好，最小二乘裁剪法容易受到一些异常解的影响，邻域盲采样优选法抗噪性能较好。然而，就对采样和量化误差等因素的影响，改进 Hough 变换法、最小二乘裁剪算法和邻域盲采样优选法均不能适应图像的非对称量化噪声，并随着这种变化呈现相应的偏离，单点最小二乘影像匹配式算法能够适应这种变化，能一定程度修正这种几何不对称变化的影响，具有最好的稳定性。

从时间开销上讲，单点最小二乘影像匹配式算法与改进 Hough 变换法（基于脊点集的拟合法，如果对图像局部进行整体 Hough 变换，时间开销较大）和最小二乘裁剪法相当，而远小于邻域盲采样优选法 [通常在 $O(N^6)$ 以上]。

采用多种对称靶标和多种环境下的靶标点进行试验，部分靶标点（分别来自不同尺寸的靶标纸、液晶屏靶标、实验靶标、靶标点等）如图 4-22 所示。

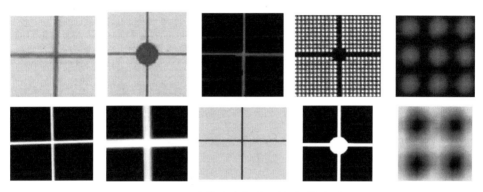

图 4-22　本算法进行处理的系列靶标点

对于上述的靶标点影像，单点最小二乘影像匹配式算法均能取得理想的效果，稳健性强、识别准确、定位精度高。类似文献 [187] 的评定指标，算法的重复定位误差小于 10^{-5} 像素，稳健性和定位精度远大于该文献的 10^{-2} 像素级的水平，角度的重复定位误差在 10^{-2} 度量级。

通过密集布设网格的自动识别和定位，可大幅度提高相机标定的自动化水平和精度；通过不同视角对同一靶标纸的成像，可以自动确定高精度、高可靠的匹配点，为镜头的畸变校正、核线几何求解算法的验证等提供支撑，通过地面靶标点的自动提取和高精度识别，可以在极少数人工靶标点的情形下全自动相对定向以及空间解算；此方法也可为一些精度要求较高的航天器空间对接与制导提供技术支持。

4.5.2　匹配精度试验和验证

（1）改进相关系数匹配算法精度测试与验证

受文献 [158] 中对匹配算法精度评估方法的启发，对图像进行高精度高保真平移和缩放后，会产生亚像素级平移，然后利用该信息评价匹配的精度。

设图像变换前后的点坐标值满足

$$\begin{bmatrix} x_2 - x_{c2} \\ y_2 - y_{c2} \end{bmatrix}^{\mathrm{T}} = S_z \left\{ \begin{bmatrix} x_1 - x_{c1} \\ y_1 - y_{c1} \end{bmatrix}^{\mathrm{T}} \begin{bmatrix} \cos\theta & \sin\theta \\ -\sin\theta & \cos\theta \end{bmatrix} + \begin{bmatrix} \Delta x & \Delta y \end{bmatrix} \right\} \qquad (4-89)$$

其中，$S_z \in (0, 1]$，Δx，Δy 的选取依据是，$\mathrm{mod}_{1/S_z}(\Delta x)! = 0$，$\mathrm{mod}_{1/S_z}(\Delta y)! = 0$，采用 $Sinc(x, y)$ 进行高保真平滑卷积。所以，新产生的基准图和变化图满足

$$\begin{cases} (x_{2S} - x_{c2}, y_{2S} - y_{c2}) = S_z [(x_1 - x_{c1}, y_1 - y_{c1})] \\ \begin{bmatrix} x_{2T} - x_{c2} \\ y_{2T} - y_{c2} \end{bmatrix}^{\mathrm{T}} = S_z \left\{ \begin{bmatrix} x_1 - x_{c1} \\ y_1 - y_{c1} \end{bmatrix}^{\mathrm{T}} \begin{bmatrix} \cos\theta & \sin\theta \\ -\sin\theta & \cos\theta \end{bmatrix} + \begin{bmatrix} \Delta x & \Delta y \end{bmatrix} \right\} \end{cases} \qquad (4-90)$$

根据上式可知任一点的真实视差

$$\begin{bmatrix} x_{2T} - x_{c2} \\ y_{2T} - y_{c2} \end{bmatrix}^{\mathrm{T}} = \begin{bmatrix} x_{2S} - x_{c1} \\ y_{2S} - y_{c1} \end{bmatrix}^{\mathrm{T}} \begin{bmatrix} \cos\theta & \sin\theta \\ -\sin\theta & \cos\theta \end{bmatrix} + S_z \begin{bmatrix} \Delta x & \Delta y \end{bmatrix} \tag{4-91}$$

据此评估匹配点的精度。

测试参数设置：噪声设定 3%，产生方法同上节，S_z，Δx 和 Δy 分别设定为：0.33，187，79。旋转角度分别为 3、5、10、15、30、60、90、130、180 九组。分别使用 SIFT 算法、SURF 算法、最小二乘影像匹配（LSM）算法和推荐匹配算法（US）本文算法进行精度测试，测试结果如下：

1）几种环境下 SIFT 算法定位精度分布如图 4-23 所示。

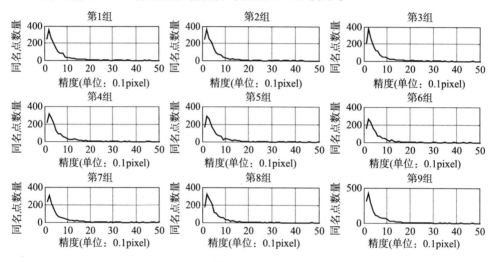

图 4-23　几组环境下 SIFT 算法定位精度分布图

2）几种环境下 SURF 算法定位精度分布如图 4-24 所示。

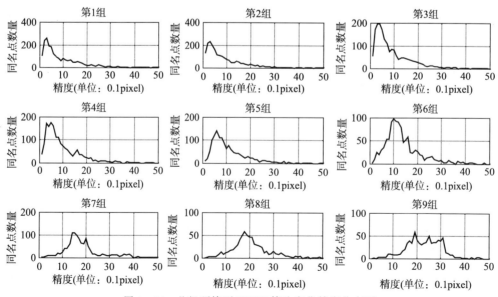

图 4-24　几组环境下 SURF 算法定位精度分布图

3）几种环境下的 LSM 算法定位精度分布如图 4 - 25 所示。

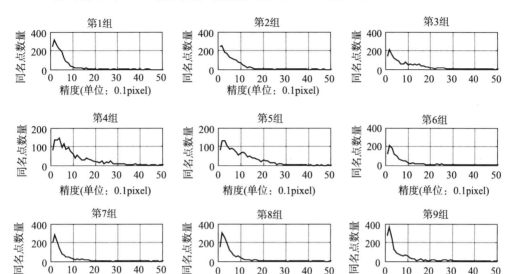

图 4 - 25　几组环境下 LSM 算法定位精度分布图

4）对于基于图像变换的高精度匹配算法，图像变换参数的预测值见表 4 - 3。

表 4 - 3　基于独立分量拟合的图像变换参数

Group	尺度比例	角度(度)	X 方向平移量	Y 方向平移量	Group	尺度比例	角度(度)	X 方向平移量	Y 方向平移量
1	0.999 993	2.995 242	186.34	78.96	2	0.999 987	4.999 859	186.42	78.91
3	0.999 962	9.998 847	186.56	79.00	4	1.000 212	14.988 723	187.51	78.99
5	1.000 002	29.998 146	187.46	79.13	6	1.000 005	60.000 134	187.21	78.79
7	1.000 103	89.992 599	187.19	79.21	8	0.999 995	130.016 449	187.16	79.06
9	1.000 005	179.28	186.13	78.66					

其中，平移量的单位为像素，尺度比例的真值为 1，其他量的真值见本实验的参数设置部分。对应的，试验中的测试像对和经过变换参数变换后的图像如图 4 - 26 所示。例如"Group 8"中的前两幅图表示测试像对，后面一幅表示经过初步匹配得到预测参数后的阶段性验证图片。

几种环境下推荐算法（US）定位精度分布如图 4 - 27 所示。

综合上述数据，几种算法的定位精度比较如图 4 - 28 所示。

可见，SURF 算法在大角度旋转和一定量化误差下，虽然仍然能够实现成功匹配，但匹配的精度出现明显下降，达到 1.8 个像素。SIFT 算法的抗旋转性能和定位精度优于 SURF 算法，实现约 0.3 个像素的精度。LSM 算法精度均超过 SIFT 算法和 SURF 算法，实现约 0.2 个像素的精度。US 算法的精度最高，约为 0.1 个像素。

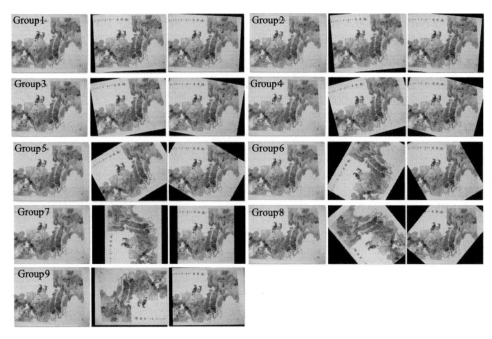

图 4 - 26　匹配精度验证试验中的 9 组影像

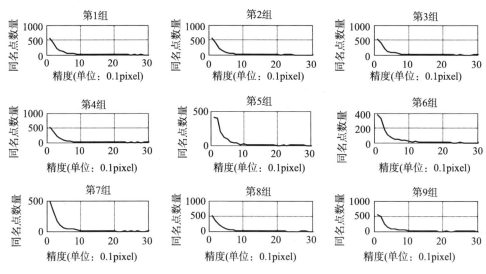

图 4 - 27　几组环境下推荐匹配算法（US）定位精度分布图

（2）真实视差像对上的匹配算法精度试验和评估

美国明德学院[188]提供了一些具有真实视差的像对，可为高精度匹配提供一定的评估
标准，其中，参与评估的性能较好的前 10 种匹配算法（http：//vision. middlebury. edu/
stereo/，2013 年 3 月 29 日）的精度指标见表 4 - 4。

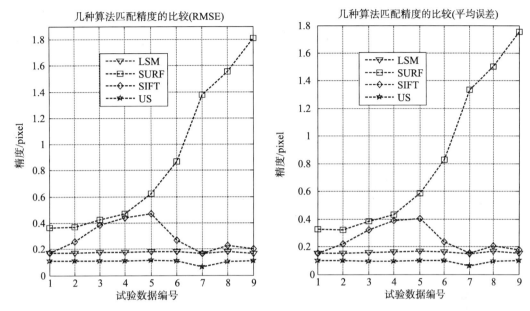

图 4-28　几种算法的定位精度比较图

表 4-4　参与评估的性能较好的前 10 种算法的匹配精度 （以 Cones 为例）

误差阈值（pixel）	非遮挡区域比例（%）	不连续区域比例（%）	总体匹配点比例（%）
＞0.5	3～10	8～16	7.51～10.7
＞0.75	2～7	7～11	5.53～8.07
＞1	2～3	6～8	3.83～4.64
＞1.5	～2	5～6	3.19～3.28
＞2	1～2	4～6	2.69～2.89

　　总体而言，在平坦区域的匹配精度较高，在不连续、边缘和存在遮挡区域的匹配精度较低，存在一定比例的不可靠匹配点。

　　试验中，所选取的测试图如图 4-29 所示。

　　分别采用 LOG 算法、基于小波变换的 SURF 算法、LSM 算法和推荐算法进行比较，部分测试结果如下：

　　1）LOG 算法的匹配精度分布如图 4-30 所示。

　　2）SURF 算法的匹配精度分布如图 4-31 所示。

　　3）LSM 算法的匹配精度分布如图 4-32 所示。

　　4）US 算法的匹配精度分布如图 4-33 所示。

　　综合上述数据，几种算法的定位精度比较如图 4-34 所示。

　　可见，SURF 算法定位精度稍差（在旋转变换下，效果更差），而 LOG 算法的定位精度和在此基础上的 LSM 算法的定位精度相当，主要原因在于，LSM 算法的收敛程度和精

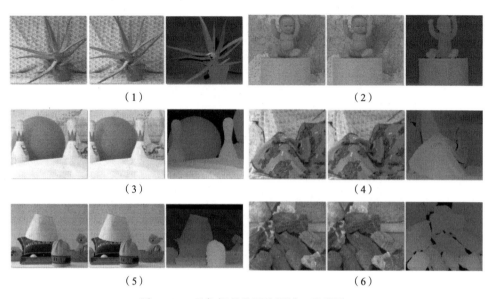

图 4-29　已知视差的图片测试（见彩插）

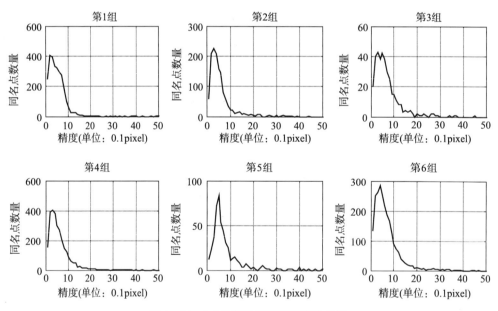

图 4-30　LOG 算法的匹配精度分布图

度与初值有很大关系，极易陷入局部极值。US 算法改善了初值邻域的选择，并采用约束函数调整，精度较高，在 0.1～0.2 像素之间。

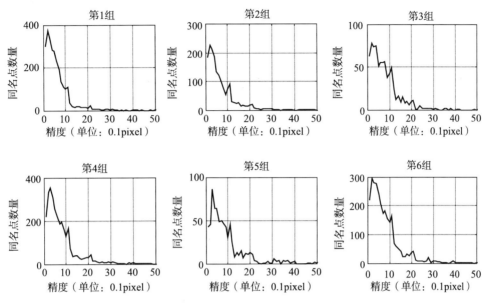

图 4 - 31　SURF 算法的匹配精度分布图

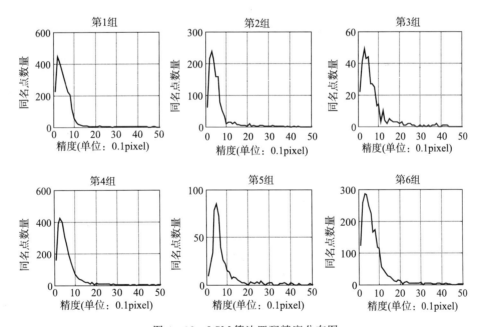

图 4 - 32　LSM 算法匹配精度分布图

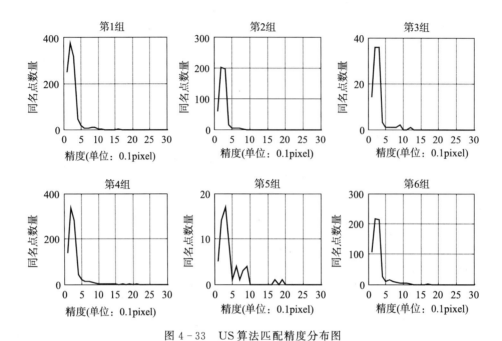

图 4 - 33　US 算法匹配精度分布图

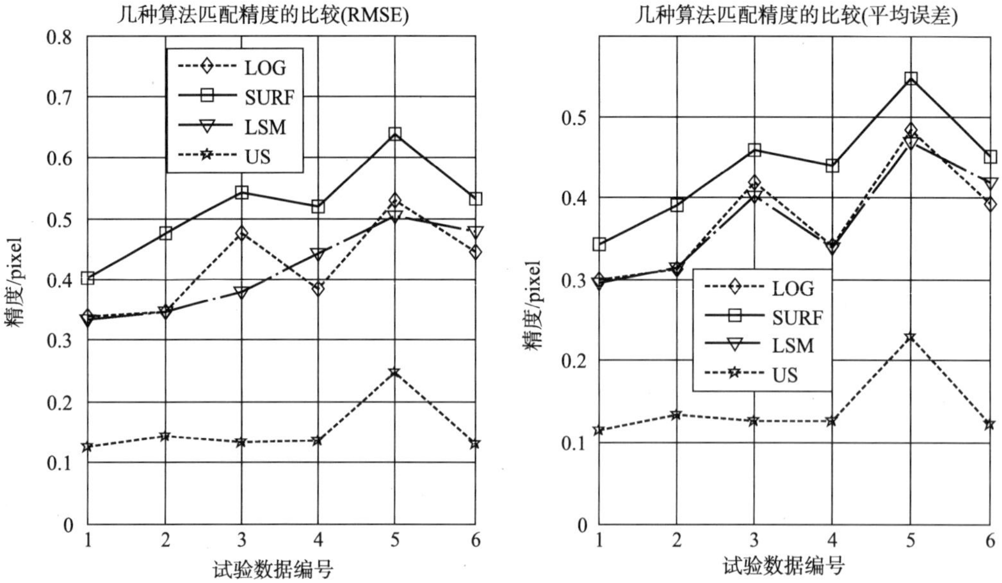

图 4 - 34　几种算法的定位精度比较图

第 5 章　摄影航区批量高分辨率框幅式遥感影像自动化匹配与快速处理

海量高分辨率遥感影像的自动化匹配是遥感数据处理中的难点与重点，自动化、智能化和尽可能的实时化是遥感影像处理的关键和方向[28]，核心在于各环节中关键技术的攻破，其中一些处理技术的复杂度常常超过成熟的手动技术，使得海量遥感影像的自动化匹配急切而富有难度。

5.1　高分辨率框幅式遥感影像自动化匹配引擎

尤其对于低空航拍遥感影像，由于其飞行平台的不稳定性和视角变化大等原因，导致影像间旋偏角、比例尺差异较大，相邻影像间的左右重叠度和上下重叠度变化较大，表面不连续三维地物在影像上的投影差大，以至于匹配的搜索范围很难确定，灰度相关的成功率和可靠性很低，运算量大，并对噪声、灰度变化、扭曲较敏感。特别地，对于高分辨率影像，其尺寸不断增大，搜索空间急剧增大（特征数量达到十万甚至以上的量级），在无先验知识与几何约束等条件下，对信息复杂、千变万化的遥感影像直接进行密集的精确匹配，很多综合性能很好的算法也不能直接使用，不仅消耗很多时间，而且常常因为海量特征之间的相似性，引起很多特征描述向量的泯灭，导致匹配结果很不稳定甚至失败，可靠性难以得到保证[189]。空中三角测量加密控制点，由于高分辨率影像的帧面积很小，摄影站点的微小偏移或平台角分量控制的微小偏差都会造成相邻影像衔接的极大破坏，所以多数高分辨率影像难以构建空中三角网[190]，而且，在实际操作中，空中三角测量的连接点、加密点主要依赖人工采集[191]，费时费力。大尺度特征含有较丰富的图像信息，数目较少，易于快速匹配，但其提取和描述相对复杂，定位精度也差；小尺度特征定位精度较高，所含信息量较少，在匹配中需要采用较强的约束原则和匹配策略[47]，例如限定搜索范围（多分辨率小波金字塔等）和优化搜索策略［如 Gauss - Newton 算法、模拟退火算法、Levenbery Marquart（LM）算法等］。通常的约束方法，例如文献［47］针对小波变换的引导，对旋转和光照变化的影响较大，利用具有多分辨率、局部定位、多方向性、近邻界采样和各向异性等性质的 Contourlet 变换，捕捉图像中的边缘轮廓，结合 Krawtchouk 矩提取图像的局部特征，并采用简化粒子群算法搜索匹配，算法的通用性较好，但对于高分辨率遥感影像，计算量大，可靠性不高。文献［87］采用基于点模式的空间匹配，由于点模式匹配主要依靠特征点的拓扑结构，在图像的变化不规律或者初始点分布较差时，容易陷入异常状态。

大部分算法通过排除外点逐步获取全局的几何一致性，以实现匹配的引导和粗差剔除，然而，初始匹配中的一些误匹配点，常造成一些解算的偏离甚至错误，尤其是有一定规律的噪声。而且，一些算法所依赖的初值常无法精确解算，进而影响后续的微分调整。文献［140］仔细研究了基础矩阵元素及其内在的不确定性，RANSAC 思想拟合基础矩阵常需要首先估算初值，迭代过程常只能达到局部的精度；如果图像存在运动模糊、特征稀少等情形，此时基础矩阵很难也无法有效表示全局信息。一些精妙的算法经常需要相机姿态和参数等精确信息的支持，往往存在误差，制约了遥感影像自动处理的通用性。对于 $k\text{-}d$ 树搜索而言，依靠特征间的相似程度进行快速搜索，其与描述向量的描述精度关系密切，并且对于一些遥感影像而言，通常有很多重复和类似的特征，如果用最近与次近距离比作为准则，常常使一些特征点在匹配过程中丧失了匹配的机会。因此，在不需要相机内参数和外参数，也不需要人工干预的情况下，解算遥感影像之间的近似对应关系，用以预测图像的局部空间位置及变形，在预测范围的搜索窗口内进行匹配。同时，在多参数的求解与匹配过程中，通常需要多自由度的参数分量，参数间的强相关性常会影响参数的求解精度，所以采用独立分量分步求法，以提高引擎的估计精度和稳健性。

　　以尺度变换和刚性变换拟合为例。利用匹配算法进行特征提取与描述，然后将特征及其描述向量按一定索引结构保存。在两幅图中选取较大尺度的、分布相对均匀的一定数量的特征点，进行初始全局双向匹配，获取一定数量的同名点，如图 5-1 所示。

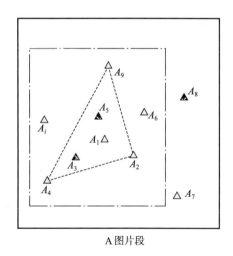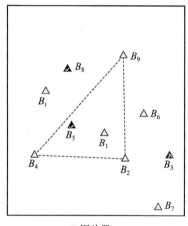

A 图片段　　　　　　　　　　B 图片段

图 5-1　初始匹配的辅助三角形示意图

　　对于 A 图中的任意点 $A_i[x_A(i)，y_A(i)]$，B 图中对应的同名点 $B_i[x_B(i)，y_B(i)]$，设 $L_A(i，j)=\sqrt{[x_A(i)-x_A(j)]^2+[y_A(i)-y_A(j)]^2}$，定义矢量的方向角为向量与水平方向坐标轴的夹角，则满足 $\theta_A(i，j)=\arctan[x_A(i)-x_A(j)，y_A(i)-y_A(j)]$，在 B 图中，相应定义 $L_B(i，j)$ 和 $\theta_B(i，j)$。

　　对于辅助三角形 $\triangle A_4A_2A_9$ 和 $\triangle B_4B_2B_9$ 而言，设其为图像间的第 k 对有效辅助三角形，如果三对同名点均为正确的匹配点，则两三角形具有一定相似性。反之，如果

$$\max\big[\,|\,\theta_B(2,4)-\theta_A(2,4)-\theta_B(9,2)+\theta_A(9,2)\,|,$$
$$|\,\theta_B(9,2)-\theta_A(9,2)-\theta_B(4,9)+\theta_A(4,9)\,|, \qquad (5-1)$$
$$|\,\theta_B(4,9)-\theta_A(4,9)\,|-\theta_B(2,4)+\theta_A(2,4)\,\big]>\theta_\varepsilon$$

则认为匹配不合理，其中 θ_ε 为图像旋转分量的误差容限，该式描述图像间相对旋转信息，θ_ε 可取经验值 $5°$。对于边长，对应图像间的尺度比例，由于比例关系在 $[0，1]$ 之间较为敏感，故定义 "♯" 运算，对任意非零实数 u 和 v

$$u\,\sharp\,v=\begin{cases} |\,u/v\,| & \text{if } |\,u/v\,|\geqslant 1 \\ |\,v/u\,| & \text{else} \end{cases} \qquad (5-2)$$

如果

$$\max\Big[\frac{L_A(2,4)}{L_B(2,4)}\,\sharp\,\frac{L_A(9,2)}{L_B(9,2)},\frac{L_A(4,9)}{L_B(4,9)}\,\sharp\,\frac{L_A(9,2)}{L_B(9,2)},\frac{L_A(2,4)}{L_B(2,4)}\,\sharp\,\frac{L_A(4,9)}{L_B(4,9)}\Big]>1+s_\varepsilon$$
$$(5-3)$$

认为该辅助三角形不匹配，s_ε 可取 0.2，表示尺度变形的比例容限。

当角度和尺度容限均满足时，认为辅助三角形对应。此时，增强较长边对角度的贡献，即 $\theta_{AB}(k)$ 为

$$\theta_{AB}(k)=\frac{[\theta_B(2,4)-\theta_A(2,4)]L_A(2,4)+[\theta_B(9,2)-\theta_A(9,2)]L_A(9,2)+[\theta_B(4,9)-\theta_A(4,9)]L_A(4,9)}{L_A(2,4)+L_A(9,2)+L_A(4,9)}$$
$$(5-4)$$

尺度分量 $s_{AB}(k)$ 采用 B 图的尺度与 A 图的尺度之比，并以 B 图中对应边边长加权，即

$$s_{AB}(k)=\frac{L_A(2,4)+L_A(9,2)+L_A(4,9)}{L_B(2,4)+L_B(9,2)+L_B(4,9)} \qquad (5-5)$$

定义此时对应的平移量 $D_X(k)$ 和 $D_Y(k)$ 分别为

$$\begin{cases} D_X(k)=\dfrac{1}{3}\Big[s_{AB}\sum_{i=2,4,9}x_B(i)-\cos(\theta_{AB})\sum_{i=2,4,9}x_A(i)+\sin(\theta_{AB})\sum_{i=2,4,9}y_A(i)\Big] \\[4mm] D_Y(k)=\dfrac{1}{3}\Big[s_{AB}\sum_{i=2,4,9}y_B(i)-\sin(\theta_{AB})\sum_{i=2,4,9}x_A(i)-\cos(\theta_{AB})\sum_{i=2,4,9}y_A(i)\Big] \end{cases} \qquad (5-6)$$

并依据形状的稳定性设立权值

$$w(k)=3/\Big[\frac{L_A(2,4)}{L_B(2,4)}\,\sharp\,\frac{L_A(9,2)}{L_B(9,2)}+\frac{L_A(4,9)}{L_B(4,9)}\,\sharp\,\frac{L_A(9,2)}{L_B(9,2)}+\frac{L_A(2,4)}{L_B(2,4)}\,\sharp\,\frac{L_A(4,9)}{L_B(4,9)}\Big]$$
$$(5-7)$$

由于角度不随尺度的变化而变化，故第一步独立解算角度；在角度信息确定后，判断边长比，即尺度信息，独立加权拟合图像的尺度比例关系；然后采用平移补偿拟合平移向量。至此，在局部，采用独立分量利用局部辅助三角形解算出了图像间的近似变换关系，同时排除了一些不可靠匹配点对解算结果的计算。

然后，在图像全局的较大尺度同名点中拟合所求独立分量。假设初始同名点的数量为 M，初始匹配正确率为 η，通常 $\eta\in[0.5，0.9]$，首先选定同名点中的任意一点作为辅

助三角形的第一个顶点，然后选定其他一点作为第二个顶点，然后变动第三个顶点，动态判断，如果不合理的辅助三角形的数量大于 $(M-3)\eta$，标记第二个顶点，认为第二个顶点所对应的同名点不可靠，然后再选择第二个顶点，继续进行；同理，如果第二个顶点的不合理辅助三角形的数量超过 $(M-3)\eta$，则标记第一个顶点对应的同名点为不可靠点，类似地，重新选择三个顶点。在整个过程中，一旦被标记为不可靠点，将不参与后期辅助三角形的构建。这样，算法的复杂度将由 $o[M^3]$ 降为约 $o[(M\eta)^3]$，算法速度的提高在 η 较低时更为显著。

最后，根据上述多组参数，拟合整幅像对的变换参数 s，θ_{AB}，D_X 和 D_Y

$$
\begin{bmatrix} s \\ \theta_{AB} \\ D_X \\ D_Y \end{bmatrix} = \sum_{k=1}^{N} \frac{w(k)}{\sum_{k=1}^{N} w(k)} \begin{bmatrix} s(k) \\ \theta_{AB}(k) \\ D_X(k) \\ D_Y(k) \end{bmatrix} \tag{5-8}
$$

其中，N 为有效辅助三角形的个数。

为了使得解算结果的稳健性更高，提高统计规律的可靠性，在统计各个描述分量时采用相互独立的统计方法。以一定的精度和区间，建立统计直方图，去掉分散分布和不集中分布的分量，如果某个分量之间存在多个分簇，则首先统计其他直方图中的数据分布规律，然后在其约束下求得统计值。

尤其针对角度统计量，由于其周期性，例如，0.1 度和 359 度均描述图像间的整体角度信息接近一致，而采用算术平均数，则得出接近 180 度的结论，与事实相悖。因此，在统计计算时，角度靠近 180 度时，计算范围调整到 $[0,360]$；在接近 0 度时调整到 $[-180,180]$。如果处理的影像为不同航线拍摄的遥感影像（主要在 0 度和 180 度附近），可将角度调整到 $[-90,270]$。

对于高分辨率大尺寸影像，可进行局部动态分簇（即将整个重叠区域依据同名点的数量动态分成很多具有区域限制的集合，集合间可以有一定重叠）拟合上述变换参数，然后进行分块求解。在图像匹配时，在拟合关系的基础上，在搜索包围盒中匹配，提高效率和匹配正确率。

5.2 摄影航区框幅式遥感影像拓扑关系的自动生成与匹配

自动化匹配的前提是，已知或设法求出影像间的拓扑关系，需要知道哪些影像之间具有一定重叠，重叠度为多少，如果能够得到引导下一步匹配的定量描述，则更好。图 5-2 为某鉴定场部分航拍遥感影像缩略图。

其中有 23×5 幅高分辨率影像，单幅影像尺寸为 8 956×6 708 pixel，像素大小为 6 μm，比例尺为 1:8 000，相机型号为 Hasselblad H4D-60，焦距约为 8 250 pixel（50.3mm），曝光时间为 1/500 s，单幅影像大小为 171 MB（unsigned char 数据）或 343 MB（unsigned short 数据）。

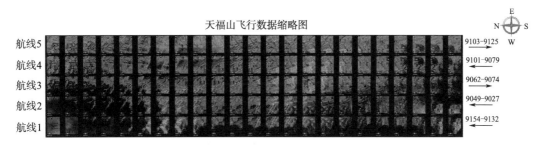

图 5-2　当前处理区域航拍影像的航线结构示意图

为了全自动建立多幅影像间的拓扑关系，可根据大尺度特征点的匹配约束，估算影像间的变换关系，并通过扩展形成全局一致的拓扑描述关系。主要思路为：如果把每一幅图中心化，再做一个图像变换（对于遥感影像，可旋转一个角度，再做一个尺度变化），然后搬移到局部坐标系中所处的位置，便可形成一个全局的拓扑结构，每幅图的中心点局部坐标和变换参数可作为该图的空间参数描述。其中，可利用像对间的匹配关系作为纽带。并且，该过程只需在近似像平面空间进行，不需要很高的精度，只要能够形成搜索空间的有效约束，协助全局自动匹配即可。随着相机工艺水平的提升，可通过拍摄点的坐标信息作为辅助裁决条件，与遥感影像的匹配关系相结合，共同自动化确定拓扑关系。

于是，在自动解算拓扑关系前，首先遍历所有图像，计算所有图像的特征点（如果仅为了制作全局拓扑图，只需提取一定量大尺度特征点），并保存为各自的特征点文件。对任意影像，一旦求出特征点，下次需要时只需访问其特征点文件，从而避免重复求取特征。

（1）以尺度和刚性变换拟合初步全局拓扑参数

若两幅影像间的变换已知，若以其中某幅影像为基准（通常以区域的中间某幅影像为基准），即 $s(0)=1$、$A(0)=0$、$D_x(0)=0$、$D_y(0)=0$，则另一幅影像的空间描述，即尺度系数 $s(i)$、角度 $A(i)$ 和位置 $D_x(i)$，$D_y(i)$ 分别为

$$\begin{cases} s(1)=s(0)/s(0 \rightarrow 1) \\ A(1)=A(0)+A(0 \rightarrow 1) \\ D_x(1)=D_x(0)+D_x(0 \rightarrow 1) \\ D_y(1)=D_y(0)+D_y(0 \rightarrow 1) \end{cases} \tag{5-9}$$

其中，$s(0 \rightarrow 1)$，$A(0 \rightarrow 1)$ 表示两幅影像间的尺度比例和角度关系，$D_x(0 \rightarrow 1)$ 和 $D_y(0 \rightarrow 1)$ 为对应基准尺度下的平移量，即满足

$$(x_{n-1}-w/2 \quad y_{n-1}-h/2) \begin{bmatrix} \cos A(n-1 \rightarrow n) & \sin A(n-1 \rightarrow n) \\ -\sin A(n-1 \rightarrow n) & \cos A(n-1 \rightarrow n) \end{bmatrix}$$
$$+[d_x(n-1 \rightarrow n) \quad d_y(n-1 \rightarrow n)]=s(n-1 \rightarrow n) \cdot (x_n-w/2 \quad y_n-h/2)$$

$$\tag{5-10}$$

于是，对于任意两幅存在相邻关系的影像，可知

$$\begin{cases} s(n) = s(n-1)/s(n-1 \to n) \\ A(n) = A(n-1) + A(n-1 \to n) \\ D_x(n) = D_x(n-1) + D_x(n-1 \to n) \\ D_y(n) = D_y(n-1) + D_y(n-1 \to n) \end{cases} \quad (5-11)$$

其中

$$\begin{cases} D_x(n-1 \to n) = d_x(n-1 \to n)/s(n-1) \\ D_y(n-1 \to n) = d_y(n-1 \to n)/s(n-1) \end{cases} \quad (5-12)$$

于是，得到如下传递关系

$$\begin{cases} s(n) = \prod_{k=1}^{n} \dfrac{1}{s(k-1 \to k)} \\ A(n) = \sum_{k=1}^{n} A(k-1 \to k) \\ D_x(n) = \sum_{k=1}^{n} D_x(k-1 \to k) \\ D_y(n) = \sum_{k=1}^{n} D_y(k-1 \to k) \end{cases} \quad (5-13)$$

遍历整个航区，将这种拓扑描述关系向周围扩散，如果某些图像间变换参数不可靠，则绕开进行邻近扩散。

（2）拓扑系数对应的遥感影像变换关系

若任意两幅影像的参数分别为 $s(p)$，$A(p)$，$D_x(p)$，$D_y(p)$ 和 $s(q)$，$A(q)$，$D_x(q)$，$D_y(q)$，若它们之间拓扑关系满足

$$\left\{ \begin{bmatrix} x_p - w/2 \\ y_p - h/2 \end{bmatrix}^{\mathrm{T}} \begin{bmatrix} \cos A(p \to q) & \sin A(p \to q) \\ -\sin A(p \to q) & \cos A(p \to q) \end{bmatrix} + \begin{bmatrix} d_x(p \to q) \\ d_y(p \to q) \end{bmatrix}^{\mathrm{T}} \right\} / s(p \to q) = \begin{bmatrix} x_q - w/2 \\ y_q - h/2 \end{bmatrix}^{\mathrm{T}}$$
$$(5-14)$$

则不难求得它们之间的局部变换关系

$$\begin{cases} s(p \to q) = s(p)/s(q) \\ A(p \to q) = A(q) - A(p) \\ d_x(p \to q) = D_x(q) \cdot s(p) - D_x(p) \cdot s(p) \\ d_y(p \to q) = D_y(q) \cdot s(p) - D_y(p) \cdot s(p) \end{cases} \quad (5-15)$$

便可知任意两幅影像之间的大致空间约束关系。遍历航区影像中初始匹配尚未成功匹配或不可靠的影像对，便可依此关系为引导，实现整个航区影像匹配的自动匹配。

（3）拓扑框架自动化生成的实现与分析

在没有航线图的情形下，我们直接面对的是一堆高分辨率航拍遥感影像。为了提高拓扑关系的计算速度，可根据时间间隔特点将相同航线间的图像进行分簇，并结合影像匹配确定像对之间的关系；然后与其他航线进行尝试性的匹配，如果连续数个影像之间的变化关系一致，则传递影像间的拓扑关系，并标记为已知状态，否则进行下一次滑动式的尝

试；然后遍历所有航线影像，直至所有航线之间的局部参数均传递到全局状态，从而形成全局一致的拓扑关系。

流程如下：

1）载入所有待处理的影像，自动为其编号，并通过自动访问，得到影像的成像时间；

2）根据成像时间将影像按航线初步分簇排列（如果所有影像都按顺序连续拍摄，则可认为仅有一条航线，依靠影像间的重叠和匹配关系，可直接进行全局拓扑参数的传递）；

3）在每一条航线内进行相邻影像的匹配，并以各自中心为基准，建立局部拓扑坐标，通过匹配得到的同名点解算相邻图像之间的拓扑关系，完成各个航线的自动匹配和各自局部拓扑关系的确定；

4）以其中某条航线为基准，选取这条航线的中心相邻 5 个图像作为模板，遍历其余航线，在其他航线分别按正反顺序滑动待匹配模板，然后自动匹配模板内的一组图像；

5）如果模板的成功匹配数大于 3 个，进行拓扑关系的确认，只有数值关系一致时，才认为拓扑关系传递成功，标记为拓扑已知的航线，每条已知全局拓扑关系的航线，针对未知拓扑关系的航线，向外遍历扩散一次；

6）重复 4）和 5）的操作，直到所有航线的全局拓扑关系全部确定，然后按照解算参数重新排列各组影像，尤其针对逆向飞行的航线，将对应影像进行逆序排列，便形成规格化的拓扑结构；

7）由于相邻航线影像之间存在较大视角差异，并非所有影像均能成功匹配，此时，可结合全局拓扑参数，以中间某航片为基准，逐步向外进行相邻航片的引导式匹配，从而完成整个航区遥感影像间的自动匹配，并保存拓扑结构和同名点文件。对于孤立影像，即与所有其他影像均没有重叠或重叠很小，暂不作处理。

为了验证所解算拓扑关系的正确性，将已知拓扑关系的所有影像，依照其在全局坐标空间的位置参数，进行迭代式融合，从而制作全局拓扑图。融合时，采用加权迭代算法：第一步，$x_0' = x_0$；第二步，$x_1' = (1/2)x_0' + (1/2)x_1$；…；第 N 步，$x_n' = (n/n+1)x_{n-1}' + (1/n+1)x_n$。不难证明，加权结果就是所有重叠区域影像的像素均值。

图 5-3 为自动解算得到的 5 条不同航线局部的各自拓扑关系图。

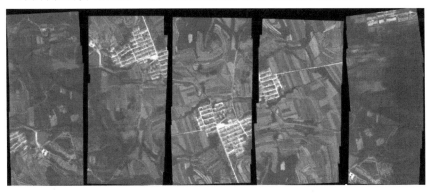

图 5-3　5 条不同航线遥感影像局部拓扑关系测试效果

图 5-4 为自动解算得到的 5 条航线的总体拓扑图。

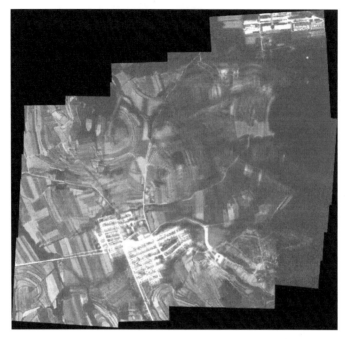

图 5-4　5 条不同航线遥感影像拓扑关系图（未进行相对定向）（见彩插）

该缩略图的制作进一步证明了自动化匹配引擎稳健准确可靠，以及拓扑关系的解算和确定系列方法正确可行。

5.3　摄影航区框幅式遥感影像自动化匹配处理流程

分别提取各影像的特征，优选分布相对均匀的部分大尺度点特征，进行自动匹配引擎参数的估计和生成，然后根据匹配引擎，自动引导匹配，之后依据稀疏匹配同名点进行核线变换参数的求取，再利用线状三角塔多阶变化检测准稠密匹配算法，进行准稠密匹配。最后把影像间的同名点存成文件，提供给下一流程。整个自动化处理的算法流程如图 5-5 所示。

在航区遥感影像拓扑关系的基础上，自动筛选有重叠关系的像对，然后访问对应的特征点文件，依靠拓扑关系参数进行引导，在预测点一定搜索范围内的网格中搜索特征点并进行匹配。然后，进行误匹配的剔除。如果稀疏匹配的同名点密度不满足工程处理的需求，再进行准稠密匹配，最后将同名点存成文件。重复上述操作，直到整个航区的匹配全部自动完成。

随着相对定向和遥感平台定位精度的提高，这些信息可作为自动匹配引擎的初始参数，进行前期初引导。而后，利用图像大尺度点的匹配信息传递，解算粗略变换关系。最后再全局优化和细节调整。

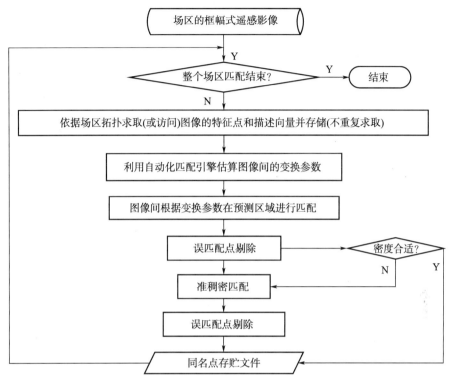

图 5-5　遥感影像自动化匹配流程设计

第6章　高分辨率线阵推扫式影像自动化匹配与快速处理

以嫦娥二号线阵推扫式遥感影像为例，建立一套线阵推扫式遥感影像自动化匹配方法。

6.1　月图概述及相关工作

1994 年，美国国家航空航天局（NASA）发射了克莱门汀号环月探测器，测绘了南纬 75 度至北纬 75 度地区的月球地形，形成了"克莱门汀"月图的最初版本。后来，美国地质调查局（USGS）的"统一月球控制网"（The Unified Lunar Control Network 2005），影像的分辨率达 100～325 m/pixel，空间分辨率为 70 km/pixel，是 Google Moon 的基本来源。

2007 年 12 月，中国国家航天局公布了第一幅月图局部三维景观图[192]。2008 年 11 月，探月卫星嫦娥一号获取数据制作完成的第一幅全月球影像图亮相。2009 年，装备指挥技术学院组建的科研团队研制了具有我国自主知识产权的全月面三维立体图系列自动软件，并自主制作了世界上首幅可实时浏览全月球三维影像图[28]，像片分辨率为 120 m/pixel，空间分辨率为 2 km/pixel。中科院国家天文台也相继完成了全月球影像制图和全月球 DEM 模型的生成。

嫦娥二号线阵推扫式影像分辨率约为 7 m/pixel，数据量相比嫦娥一号提高了 300 倍以上，海量的数据及运算非线性地增加了自动化处理的复杂度和研发周期。同时，由于线阵推扫式相机在各个成像时刻的位置姿态均不完全相同，也受月球自转、太阳光照变化、阴影等因素影响，加之月图局部海量特征的相似性，使得整轨月图特征的自动化提取与匹配成为三维月图制作的难点和重点。自动化匹配[193]的稳健性、准确性以及同名点的稠密程度直接影响着参数求解、坐标解算的精度和全图的生成质量。

6.2　线阵推扫式遥感影像的自动化匹配引擎

对于线阵推扫式影像，巨幅的影像、海量的特征、稳健的自动化匹配引擎是前提。

6.2.1　关于嫦娥二号卫星及其线阵相机

嫦娥二号卫星发射于 2010 年 10 月 1 日，绕月（月球半径为 1 378 km，自转周期为 118 分 13.64 秒）飞行并成像。主要有 100 km 圆轨和 15 km 椭圆轨道[194]两种不同轨道成像：轨道 1 为 100 km×100 km 圆轨道，成像宽度约为 43 km，工作时间为 58.5 min/圈，共 12 h/天。轨道 2 为 100 km×15 km 椭圆轨道，工作时间为 4 min 圈，共 48 min/天。在卫星匹配中，光轴平行于 Z 轴且与 X 轴垂直，立体相机推扫方向与飞行方向一致。相机具有前视和后视两个镜头[①]。

通常，卫星成像的宽为 6 144 像素，长度（高）约在 50 万到 70 万行，大约有 750 轨的月图，实现月面的全覆盖，近轨（约 100 km 的圆轨道上）分辨率约为 7 m/pixel，在低轨（局部 15 km）局部分辨率约为 1 m/pixel。

如图 6-1 所示，嫦娥二号卫星在圆轨道上绕月飞行，假设它的飞行轨迹为 $\overrightarrow{CDP}$，S 和 N 为月球的两个极，卫星飞行的星下点轨迹为 $\overrightarrow{C'D'P'}$，当前的飞行方向为 $\overrightarrow{PT}$，假设此时卫星的飞行在轨位置为 P，对应星下点为 P'，P' 的经纬度分别为 ϕ,ω，即 $\angle P'OP''=\omega$。前视镜头的主光轴与 PP' 的夹角为 8 度，后视镜头的主光轴与 PP' 之间的夹角为 17.2 度。

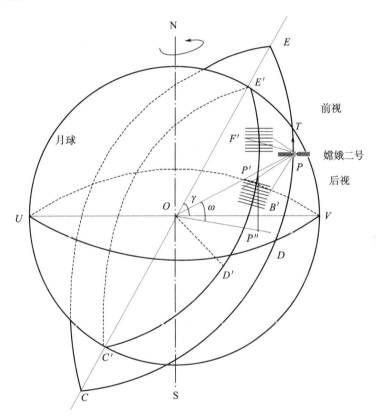

图 6-1　嫦娥二号推扫式相机的成像示意图

　　① 黄长宁，张宏伟，温博，等 . 嫦娥二号卫星 APS 相机设计关键技术与在轨应用 [J] . 2013，43（7）：761-766.

6.2.2　线阵推扫式影像的自动化匹配引擎

（1）同轨前后视遥感影像之间的匹配引导

在很短时间内，可认为其恒姿、恒速沿直线 $\overrightarrow{PT}$ 飞行，如果当前的轨道高度为 h，月球半径为 r_{moon}，分辨率为 r，月球的自转角速度为 Ω，卫星轨道面 UOD' 与月球的 0 纬度面的夹角为 γ。当月表面向阳时，同一成像时刻，前后视影像各成一行像，然后在一个固定的时间间隔 Δt（约为 4.5 ms）再次成像，各行成像的叠加便形成了很长的线阵推扫式遥感影像。

对于前视和后视影像上的同一区域，记卫星的飞行方向所成影像对应的坐标轴为 Y 轴，那么，可知，此时的前后视影像在前后影像间存在一个较稳定的像素偏移量 D_Y，D_Y 满足

$$D_Y \approx h(\tan\theta_F + \tan\theta_B)/r + (\Delta T_0)/\Delta t \qquad (6-1)$$

其中，ΔT_0 为当前轨月图前后视成像时，对应起始行的成像时间差。

由于卫星飞行方向并非与月球的经线方向一致，加之月球的自转因素，前后视影像之间存在一个垂直 Y 方向的偏移量 D_X，不难得到 D_X 的严格数学表达式为

$$D_X = \frac{\Delta t}{r\cos\gamma}\sum_{i=B'}^{F'} r_{\text{moon}}\Omega\cos\omega_i \qquad (6-2)$$

其中，ω_i 为对应行数据成像时的星下点的纬度。对于低纬度和短区间影像，可用平均偏移近似上式，即

$$
\begin{aligned}
D_X &\approx \frac{h(\tan\theta_F + \tan\theta_B)}{r\cos\gamma}\Delta t \cdot [r_{\text{moon}}\Omega\cos\omega_F + r_{\text{moon}}\Omega\cos\omega_B]/(2r) \\
&= \frac{r_{\text{moon}}\Omega h(\tan\theta_F + \tan\theta_B)}{2r^2\cos\gamma}\Delta t \cdot [\cos\omega_F + \cos\omega_B]
\end{aligned}
\qquad (6-3)
$$

当卫星飞越极点附近时，Ω 的方向改变。此时不能用整段平均值的方法统计得到，需要分区间处理。

在单轨成像中，偏移量主要由前后视之间的夹角和卫星的姿态角、相机主轴的改变决定，在局部"恒姿和恒速沿直线"飞行的假设下，认为前后视影像间偏移量相对稳定。将月球和卫星的常量代入可得，$D_Y \approx 6\,430\ \text{pixel}$，$D_X$ 会随着星下点纬度的改变而改变，但浮动较小，例如在 0 纬度面附近，D_X 约为 30 pixel。

大量试验表明，该预测下的偏移信息在绝大部分情形下是比较准确的，精度通常小于 200 个像素，足以引导前后视影像之间的自动匹配。

（2）不同轨相同视角遥感影像之间的匹配引导

针对不同轨相同视角的线阵遥感影像而言，如前视图，此时不同视角引起的影像变形相应增大，不同轨影像的星下点轨迹存在一定夹角。在这种情形下，通过遍历扫描卫星成像时刻对应星下点的纬度，分别找到其中最为一致的两行，由于此时卫星飞行方向夹角和影像之间夹角基本一致，对于局部影像块，可认为卫星飞行方向间的夹角 θ 即为局部影像间的整体夹角 ϕ。

此时，只要求出影像块之间垂直飞行方向的平移分量即可（其他分量可相应求出）实现引导，此时的平移分量 D_L 可由下式求得

$$D_L = \left\{ \frac{\Omega(t_2 - t_1)}{2\pi} - INT\left[\frac{\Omega(t_2 - t_1)}{2\pi}\right] \right\} \frac{r_{\text{moon}}}{r} \Omega \cos\omega_n \qquad (6-4)$$

其中，t_2 和 t_1 分别为当前对应行数据的成像时间（卫星的时钟时间），ω_n 为对应星下点的纬度，$INT[\cdot]$ 表示对数据 $\cdot$ 的取整运算，由此便可求得影像块除角度外的另外两个参数 D_X 和 D_Y。

结合 D_X，D_Y 和 ϕ，即可引导不同轨相同视角对应影像块之间的自动匹配。一旦局部影像块匹配成功，结合卫星成像近似连续性的规律，便可依据匹配后的同名点，拟合引导参数引导下一相邻区间对应影像块之间的自动匹配。

（3）基于稀疏匹配结果的准稠密匹配引导

一旦局部影像块之间的稀疏匹配成功，首先根据相邻影像块之间的一致性、同名点的分布均匀程度进行测试，如果结果可靠，并且同名点的分布比较均匀合理，便可根据局部同名点的设定包围盒在原始影像中获取对应的影像块，实现匹配引导。

6.2.3　部分星历跳变或图像异常对匹配引擎的影响与处理方法

由于成像时的太阳夹角、卫星调姿等因素影像，卫星的星历和影像在局部会出现不连续现象，对整轨影像的自动化处理带来不良影响，例如引起引导参数的不可靠、统计规律的非连续，直接影响自动化处理的进程。所以，必须从异常中自动恢复过来，或者自动适应局部的异常变化，这是系统稳健性的必要保证。

（1）局部星历跳变引起引导参数的解算异常

嫦娥二号卫星的成像时间在某些轨的部分区间内并非严格一致，其在局部区间会出现较大跳变。图 6-2（a）为 422 轨 F 图在 290 000 至 300 000 行区间内的行成像时间间隔，其跳变可能超过 3 倍的平均时间间隔。对于相对平稳变化区域，成像时间间隔成锯齿状非严格规律渐变，其放大效果如图 6-2（b）所示。

可见，全局成像时间间隔并非严格为 4.5 ms，例如，此处近 4.85 ms。由图可见，类似周期函数，稳定区域的最大跳变约在 0.05 ms，仅占平均时间间隔的 1.1%，在影像中表现为 0.01 像素的波动，通常 3～5 行为一个跳变周期。为了得到更精确的解算，可利用平滑函数将成像时间平滑。

如果跳变小于 300 倍的平均时间间隔，对匹配引导参数的解算影响很小，不影响正常匹配。但在少数情形下，跳变会比较突出，影响图像的连续性和引擎的规律性，解决方法在下节中论述。

（2）局部影像的不连续影响正常匹配进程及其统计特性

影像的不连续性表现为以下三个方面。

1）在某些区域，相邻成像时间间隔大于 300 行，致使影像出现较大的跳变，表现为影像上的较大不连续性。例如，在 422 轨 F 图 274 000 行以及该行对应的 B 图附近出现非同步跳变，跳变处的放大图如图 6-3 所示。

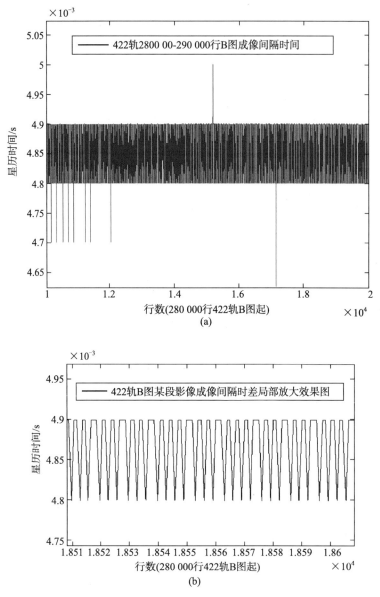

图 6-2　422 轨卫星成像时间间隔跳变局部显示图

2）前后视之间成像时间跳变比较突出，并且不一致，造成影像的断节。导致匹配的引导参数和上一区间局部统计值之间存在较大差异，从而导致引导匹配异常。

3）在一些影像的局部，尤其是开始段和结束段，常出现一些无效数据，或者大范围黑块，造成匹配异常。例如，432 轨在开始有大量无效数据，表现为麻布斑纹，并且有跳变。

（3）自动匹配引擎的自动调整

虽然局部存在跳变，但在绝大部分相对平稳区域，如果锁定到匹配区域，以后仍然能够自动处理。于是，为增强自动匹配的稳健性，首先利用自动化匹配引擎进行匹配区域的估计，然后在预测范围的邻域内搜索。具体方法是：

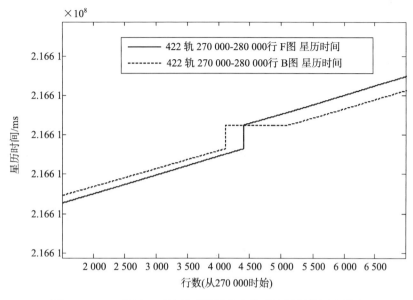

图 6-3　422 轨同一区域前后视影像成像时间局部非同步跳变

1）根据卫星星历和自动化匹配引擎，确定正常预测区域；

2）在上述预测区域附近，以一定搜索范围由近及远逐个匹配相应影像块，并进行误匹配的剔除；然后寻求局部匹配同名点数量最多且分布均匀的影像块，判断其上下相邻数据块匹配结果统计参数的一致性，如果一致，认为区域匹配成功，重新锁定匹配引导参数；否则，在邻域继续搜索。如果在邻近的较长范围内仍然没有找到一致的匹配，则认为该轨数据异常。

在一些情况下，由于成像时间的较大异常跳变、相机故障或人工编辑等因素，打破了正常的成像时间规律，无法通过数学方法直接解算。大量实验表明，采用本节预估算和邻域盲匹配择优的方法，仍然可以实现自动匹配，效果良好。

另外，在一些成像时间跳变区域，虽然通过上述方法可以实现影像的自动匹配，但是，该处的空间解算值可能会和实际值产生偏离，在后续处理过程中需要进行一些修正。

6.3　线阵推扫式影像的自动化匹配与准稠密匹配

6.3.1　线阵推扫式遥感影像特征提取框架

对于高分辨率大尺寸遥感影像，例如嫦娥二号线阵推扫式遥感影像，宽为 6 144 像素，高达 50 万到 70 万行，必须进行图像的分块处理才能完成整幅影像的匹配。以 sSIFT 算法为例，建立高分辨率线阵推扫式遥感影像的特征点提取与描述框架，其他算法可以移植到该框架中。如图 6-4 所示。

其中，左部分表示线阵推扫式遥感影像或大尺寸图像的分片处理，使得算法的内存开销降到了 500 MB 以下（主要由分片大小决定）；中间部分指高斯金字塔的构建、差分高

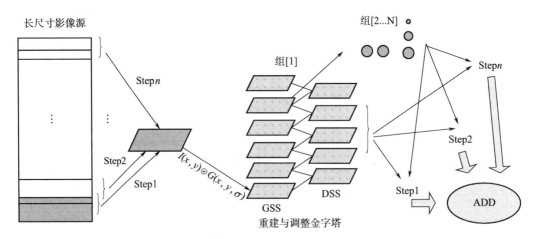

图 6-4　sSIFT 算法处理线阵推扫式影像的框架

斯金字塔的构建、特征的提取与描述；右部分指把特征点按一定索引结构存储。处理过程中，标记局部图像的起止行号，并调整到全局一致。此框架具有灵活的推广形式，必要时，也可采用网格状的分幅处理方法。

6.3.2　月图的特征点匹配与准稠密匹配

在自动化匹配引擎的引导下，结合匹配加速网格等方法实现前后视影像的特征点提取、特征点匹配和误匹配剔除。一旦匹配成功，则记录统计信息，然后依据统计信息引导下一区间影像匹配；在匹配过程中，如果影像存在异常，在预测的邻域内试探性匹配，找到最优匹配；然后继续进行。

得到同轨影像的前后视稀疏匹配结果后，基于解算对应数据块的广义核线约束，采用准稠密匹配方法，便可实现前后视对应区间的准稠密匹配。

图 6-5 为 432 轨月图某段（左图为前视图 390 000～400 000 行，对应于后视图约为396 000～406 000 行）数据块的准稠密匹配结果。

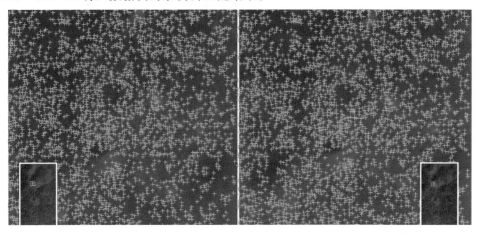

图 6-5　432 轨前后视局部影像准稠密匹配效果（仅显示密度控制后的显著点）（见彩插）

图 6-5 中，左右两幅大图（约 600×500，分辨率为原始分辨率，约 7 m/pixel）对应于左下方和右下方两幅缩略图（6 144×10 000）中"＋"方框中的部分，限于篇幅，不多展示。

6.3.3　同名点数量分布、评估与修复方法

同名点的数量主要由特征点的数量、分布情况以及影像间的变形（重现率）决定，全自动的处理需要检测出特征分布稀疏、图像异常的区域。如果能够修复，则对相应区域进行一些匹配的改善措施，使得匹配具有一定的均匀性。如果系统无法自动处理异常区域，要么舍弃该段数据，要么提供给下一阶段的故障诊断。

（1）单轨前后视匹配的密度分布与异常探测

对于单轨前后视匹配，影像之间的变形较小，可设定一定步长，统计该区间内同名点的数量，例如 439 轨 sSIFT 稀疏匹配同名点的分布片段如图 6-6 所示。

```
The Couple Number topology of orbit 439
Wide 6144 hei 760273
Step 20 minimum Number threshold 30
The Couple Number from 160840 line to line 160860 is 601
The Couple Number from 160860 line to line 160880 is 539
The Couple Number from 160880 line to line 160900 is 525
The Couple Number from 160900 line to line 160920 is 513
The Couple Number from 160920 line to line 160940 is 528
The Couple Number from 160940 line to line 160960 is 536
The Couple Number from 160960 line to line 160980 is 545
The Couple Number from 160980 line to line 161000 is 602
The Couple Number from 161000 line to line 161020 is 608
The Couple Number from 161020 line to line 161040 is 637
The Couple Number from 161040 line to line 161060 is 674
The Couple Number from 161060 line to line 161080 is 676
The Couple Number from 161080 line to line 161100 is 676
The Couple Number from 161100 line to line 161120 is 692
The Couple Number from 161120 line to line 161140 is 469
The Couple Number from 161140 line to line 161160 is 912
The Couple Number from 161160 line to line 161180 is 812
The Couple Number from 161180 line to line 161200 is 814
The Couple Number from 161200 line to line 161220 is 762
The Couple Number from 161220 line to line 161240 is 803
The Couple Number from 161240 line to line 161260 is 812
```

图 6-6　439 轨密度分布打印结果截图

设定一定的阈值，当区间同名点的数量少于一定阈值时，打印异常，图 6-7 为 420 轨的异常检测报告。

经排查，其中前 40 行没有同名点的原因是对应 B 图在此处出现白色条带异常，出现其余同名点分布较少区域的原因为局部出现整体灰暗，特征较少，在 50 万余行的测试中，仅存在如此少量的不均匀，几乎不影响下一步准稠密匹配。

（2）相邻轨数据块稀疏匹配同名点的分布统计与修复

相邻轨影像块之间的匹配，对于月图的自动拼接和高精度解算至关重要。然而，由于图像特征分布的差异性、特征的类似性，导致一些局部区域的稀疏匹配同名点较少，影响后续的核线拟合以及统计规律的解算。

```
Error Detection for Couple topology of orbit  420, the result is on the end
wide  6144 hei 510636
step  20 minimum Number threshold 30
The Couple Number may be error from 0 line to line 20 , couple Num 0
The Couple Number may be error from 20 line to line 40 , couple Num 0
The Couple Number may be error from 123040 line to line 123060 , couple Num 10
The Couple Number may be error from 123060 line to line 123080 , couple Num 30
The Couple Number may be error from 370260 line to line 370280 , couple Num 7
The Couple Number may be error from 370280 line to line 370300 , couple Num 22
The Couple Number may be error from 371160 line to line 371180 , couple Num 18
The Couple Number may be error from 371460 line to line 371480 , couple Num 21
*************************************************************
There may be 6 errors in Orbit 420
*************************************************************
```

图 6 - 7　420 轨 sSIFT 同名点异常分布报告

　　因此，对同名点分布情况进行评估，如果不均匀，对相应区域进行同名点的加密处理。即以一定步长对区域进行网格划分，有效网格覆盖影像对中的重叠区域，然后统计网格中数据块的同名点数量，对于点数较少的区域，结合现有同名点信息预测匹配区域，然而扩展特征检测的范围和类型，进行区域同名点的加密。具体步骤如下。

　　1) 建立密度评估网格，标记需要处理的区域块。

　　2) 对各个网格中 sSIFT 同名像点数量进行统计。如果分布稀疏，进入下一步；否则，记录该区域同名点数量，评估下一区域。

　　3) 根据已有同名点的统计规律信息，解算对应图像的绝对像素坐标，访问并获取对应区域的 sSIFT 特征，必要时进行特征类型扩展，然后进行双向匹配，并进行必要的误匹配剔除、密度控制等处理。

　　4) 再次评估该区域的同名点分布密度，如果满足解算需求，评估下一区域。如果不满足，采用局部影像区域的准稠密匹配。

　　图 6 - 8 为相邻轨影像数据块之间匹配修复前后的效果比较，其中，标记"＋"的为处理前的同名点，标记"×"的点为修复后同名点，图中只显示密度控制下的、显著特征对应的同名点。

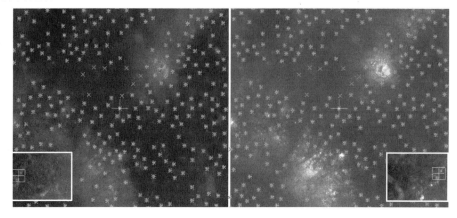

图 6 - 8　相邻轨影像的数据块之间匹配的修复（"×"为新增加的点）

图 6－9 为对应区域网格划分下的同名点统计数量截图。

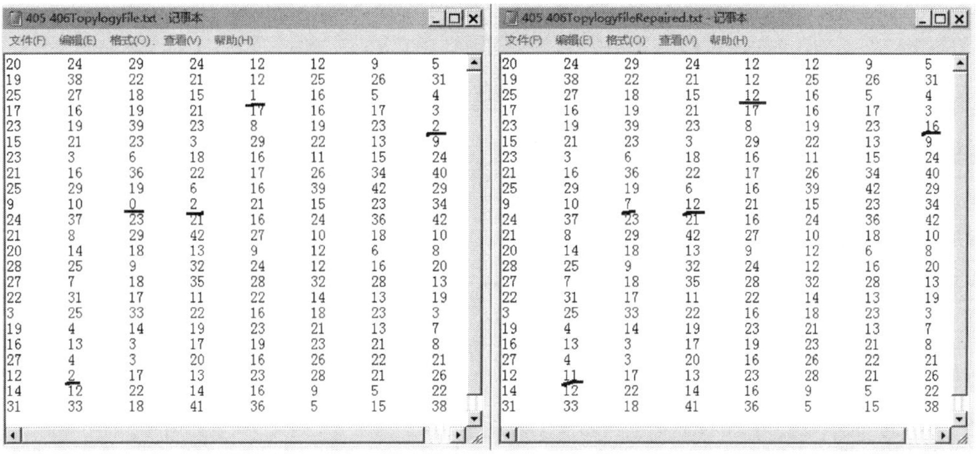

405 406TopylogyFile.txt - 记事本

文件(F) 编辑(E) 格式(O) 查看(V) 帮助(H)

20	24	29	24	12	12	9	5
19	38	22	21	12	25	26	31
25	27	18	15	1	16	5	4
17	16	19	21	17	16	17	3
23	19	39	23	8	19	23	2
15	21	23	3	29	22	13	9
23	3	6	18	16	11	15	24
21	16	36	22	17	26	34	40
25	29	19	6	16	39	42	29
9	10	0	2	21	15	23	34
24	37	23	21	16	24	36	42
21	8	29	42	27	10	18	10
20	14	18	13	9	12	6	8
28	25	9	32	24	12	16	20
27	7	18	35	28	32	28	13
22	31	17	11	22	14	13	19
3	25	33	22	16	18	23	3
19	4	14	19	23	21	13	7
16	13	3	17	19	23	21	8
27	4	3	20	16	26	22	21
12	2	17	13	23	28	21	26
14	12	22	14	16	9	5	22
31	33	18	41	36	5	15	38

405 406TopylogyFileRepaired.txt - 记事本

文件(F) 编辑(E) 格式(O) 查看(V) 帮助(H)

20	24	29	24	12	12	9	5
19	38	22	21	12	25	26	31
25	27	18	15	12	16	5	4
17	16	19	21	17	16	17	3
23	19	39	23	8	19	23	16
15	21	23	3	29	22	13	9
23	3	6	18	16	11	15	24
21	16	36	22	17	26	34	40
25	29	19	6	16	39	42	29
9	10	7	12	21	15	23	34
24	37	23	21	16	24	36	42
21	8	29	42	27	10	18	10
20	14	18	13	9	12	6	8
28	25	9	32	24	12	16	20
27	7	18	35	28	32	28	13
22	31	17	11	22	14	13	19
3	25	33	22	16	18	23	3
19	4	14	19	23	21	13	7
16	13	3	17	19	23	21	8
27	4	3	20	16	26	22	21
12	11	17	13	23	28	21	26
14	12	22	14	16	9	5	22
31	33	18	41	36	5	15	38

图 6－9　相邻轨影像的数据块之间匹配的修复前后区域网格中同名点的分布及数量

图 6－9 中，统计网格的大小为 100×100 pixel，修复阈值为 3 对同名点。左部分表示修复前网格中同名点的数量，右部分表示修复后网格中同名点的数量，数字下划线标识表示对应修复区间的同名点数量变化。

6.4　整轨影像自动化匹配过程处理流程的设计与实现

首先，对各轨 F 图和 B 图提取 sSIFT 特征点，并存储为对应索引文件和特征点文件。

在求取各轨前后视影像间的同名像点时，结合同轨前后视遥感影像间的匹配引擎解算引导信息，并通过索引文件和存储文件滚动式载入 sSIFT 特征点，利用加速匹配网格进行同名点预测窗口内的稀疏匹配，然后进行必要的误匹配点剔除。

为了得到单轨前后视影像间的准稠密匹配，通过 sSIFT 同名点访问到对应区域的原始影像，然后进行自转校正、球面校正等，再结合 sSIFT 同名点拟合广义核线及参数，并剔除偏离广义核线较远的不可靠匹配点，然后利用统计规律和分簇 RANSAC 算法进行误匹配点的检测和剔除，并同时提高核线拟合的精度。然后，进行准稠密匹配，大幅度提高同名点的密度，然后依据视差连续性约束、顺序一致性约束等，优选可靠匹配点。最后，进行排序和密度控制（为方便后续三维构网等过程），并存为同名点文件和对应索引文件。

计算具有重叠区域的相邻轨局部块或整轨影像的同名点时，在对应的匹配引擎下，类似单轨的稀疏匹配进行初始匹配，为使得参数拟合和区域解算具有相对稳定性，进行局部广义核线拟合、准稠密匹配、误匹配剔除等环节。

整轨影像自动化匹配过程处理流程的设计如图 6－10 所示。

通过对嫦娥二号 401 轨至 410 轨影像进行全自动匹配测试（硬件配置为 6 GB 内存，主频 1.83 GHz），各轨特征点的数量、特征点提取时间、sSIFT 特征点匹配、准稠密匹配的统计见表 6－1。

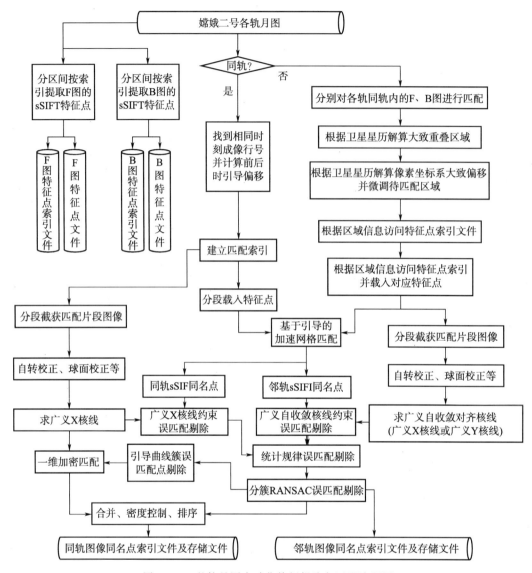

图 6-10　整轨月图自动化特征提取与匹配流程图

表 6-1　整轨月图特征提取与匹配时间开销和同名点数量统计表 (串行)

轨道	401	402	403	404	405	406	407	408	409	410
F 图特征提取时间(小时)	13.6	9.5	11.8	9.5	13.5	9.4	13.8	9.2	11.8	9.4
B 图特征提取时间(小时)	13.5	9.4	13.9	9.4	13.5	9.2	13.6	9.2	13.7	9.2
图像像素行数(万像素)	75	51	75	51	75	51	75	50	75	50
图像宽度(像素)	6 144	6 144	6 144	6 144	6 144	6 144	6 144	6 144	6 144	6 144
FB 同名点匹配时间(小时)	0.7	0.6	0.8	0.5	0.6	0.5	0.7	0.7	0.6	0.5

续表

轨道	401	402	403	404	405	406	407	408	409	410
sSIFT 同名点数量(万个)	177.0	108.3	181.6	107.7	184.1	93.2	193.0	104.1	191.8	97.6
加密匹配时间开销(小时)	9.5	6.2	8.9	6.0	8.8	3.8	8.9	6.0	9.1	5.9
加密后同名点数量(万个)	927.7	550.0	928.2	568.6	931.6	243.9	956.0	477.4	948.8	501.5

注:加密后同名点数量为密度控制后的同名点数量,附近 6 个像素内只保留一个同名点。

通过对嫦娥二号 430 轨至 439 轨影像进行测试,启用 4 核处理器并行计算(其中,对 sSIFT 特征提取、sSIFT 特征点匹配、准稠密匹配等环节进行了多线程并行化处理),整个全自动匹配过程中,各轨特征点的数量、特征点提取时间开销、sSIFT 特征点匹配、准稠密匹配的统计见表 6-2。

表 6-2　整轨月图特征提取与匹配时间开销和同名点数量统计表 (并行化后)

轨道	430	431	432	433	434	435	436	437	438	439
F 图特征提取时间(小时)	3.5	4.2	3.3	4.3	3.5	4.5	3.5	4.3	3.3	4.6
B 图特征提取时间(小时)	3.6	4.1	3.2	4.2	3.5	4.3	3.3	4.6	3.5	45
图像像素行数(万像素)	51.8	76.1	51.7	76.0	51.5	76.0	51.6	76.1	51.5	76.0
图像宽度(像素)	6 144	6 144	6 144	6 144	6 144	6 144	6 144	6 144	6 144	6 144
FB 同名点匹配时间(分)	20	30	18	27	18	23	19	23	20	23
sSIFT 同名点数量(万个)	203.6	304.1	197.6	323.6	199.9	321.9	211.5	330.9	211.8	238.5
加密匹配时间开销(小时)	3.3	5.3	3.3	5.4	3.2	6.0	4.0	6.1	3.6	4.1
加密后同名点数量(万个)	538.9	808.6	490.7	865.8	582.6	880.7	541.9	885.4	590.2	662.8

注:加密后同名点数量为密度控制后的同名点数量,附近 6 个像素内只保留一个同名点。

此外,也对其他多轨数据进行了大量测试,结果表明,并行化处理大幅度减少了算法的时间开销;同时,算法的稳健性良好。

图 6-11 为随机选取的地形变化比较剧烈区域的匹配结果局部显示图(其他区域匹配效果会更好),其分别为两幅缩略图(实际尺寸为 6 144×10 000 像素)中标有"+"方框中的放大效果图(实际尺寸为 600×500 像素),分辨率约为 7 m/pixel,左图源自 431 轨前视图 390 000~400 000 行对应的数据,右图源自 431 轨后视图 396 000~406 000 行数据。同名点的密度可以根据准稠密匹配的约束条件、阈值设置,按需要进行调整。由于密集的同名点显示会覆盖整个屏幕,因此,图中仅显示显著的、密度控制后的同名点。

图 6-12~14 分别为上图对应部分的 0.7 倍、0.4 倍和 0.2 倍显示效果,显示过程中自动进行密度控制。

图 6-15 为两幅截获影像整体上的匹配效果,显示过程中自动进行密度控制,该图相当于月面约 43 km×70 km 的区域。

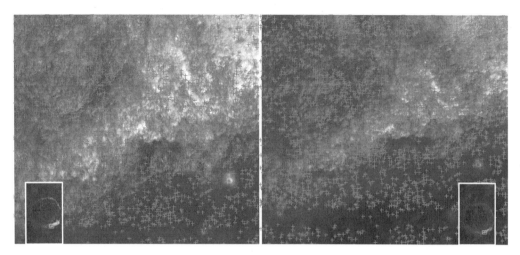

图 6-11　1.0 倍下某月坡处的准稠密匹配结果局部显示图（仅显示显著点）（见彩插）

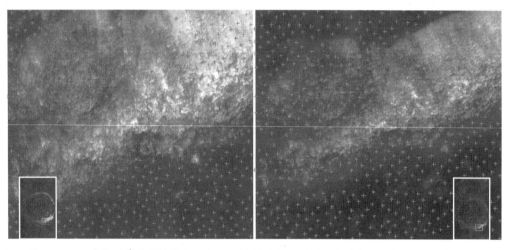

图 6-12　0.7 倍下某月坡处的准稠密匹配结果局部显示图（自动密度控制显示）（见彩插）

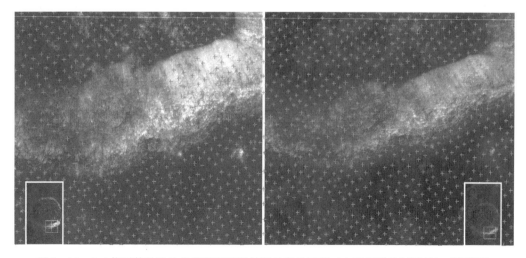

图 6-13　0.4 倍下某月坡处的准稠密匹配结果局部显示图（自动密度控制显示）（见彩插）

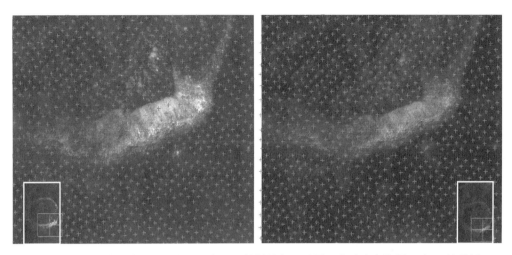

图 6-14　0.2 倍下某月坡处的准稠密匹配结果局部显示图（自动密度控制显示）（见彩插）

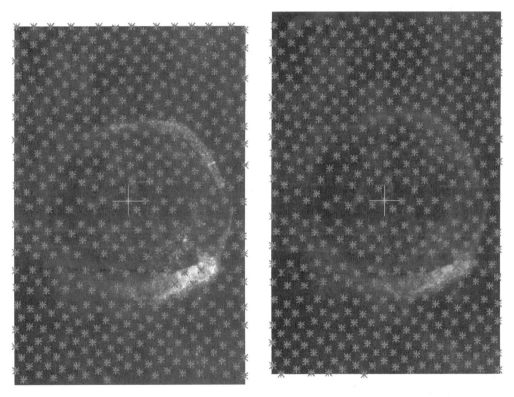

图 6-15　某月坡处的准稠密匹配结果整体显示图（自动密度控制显示）（见彩插）

　　从可靠性上讲，各种误匹配检测和剔除约束算法的综合运用，以及广义核线的拟合、星历信息的引导、相邻区间的比较和统计规律分析等环节，使得匹配正确率很高，通过大量区域人工目测、判断和空间解算值比较，同名点的误匹配率远小于千分之一，即正确率超过 99.9%。

6.5　自动化匹配的多线程并行化

　　基于多核 CPU 的服务器，并行化处理可以缩短处理的时间。并行化算法中的加速比[195]是指，对于一个给定的问题，并行算法（或并行程序）的执行速度相对于串行算法（或串行程序）的执行速度加快的倍数，即串行化程序的执行时间与并行化时间的比值。加速比的极限是程序中串行分量比例的倒数，也即串行程序所占比例越大，加速比的极限值越小。增加处理器的数量，可以大幅度减小相比单机（单核）处理的时间。并行化的效率，是指并行加速比与处理器数目的比值。也就是，设计高效的并行化匹配算法，需要针对问题中可以独立出来的、计算量相对较大的模块，进行串联和并联模块的分离，同时使用尽可能多的处理核。

　　针对并行化的特点和整个处理流程的需要，将系统中 sSIFT 特征点的检测与描述量的生成、sSIFT 特征点的匹配与误匹配剔除、近似核线影像的准稠密匹配环节进行了并行化。

　　（1）sSIFT 特征点的检测与描述量的生成并行化

　　sSIFT 特征提取并行化处理示意图如图 6-16 所示。

　　首先，建立全局的控制结构变量，该结构中包括分块的步长、数量、影像的宽高等信息，形成并行化索引结构。

　　通过全局控制变量，将很长的线阵推扫式遥感影像（或大尺寸影像）进行分块，并标记分块的信息。

　　然后，由系统探测空闲的 CPU，为空闲的 CPU 分配处理任务，并传输给对应的数据块，当该块特征提取任务完成后，结合本区间的信息，把特征点以追加的方式写入特征点存储文件（互斥访问控制，同一时间，只允许单个 CPU 操作，其他线程等待），并更新特征点存储索引文件（文件很小，每次更新时，需要进行互斥访问控制，同一时间，只允许单个 CPU 修改整体的控制结构）。

　　重复上述过程，直到所有分片全部处理完，不再为空闲 CPU 分配任务，然后等待所有正在处理的线程结束后，保存最终的控制文件，即特征点存储索引文件。通过该文件，结合特征点存储文件，可以快速提取所需区间的特征点。

　　相比本部分其他的处理操作，特征提取占据主要时间开销，所以其并行化加速比很高。多个 CPU 的执行效率几乎接近单个 CPU 执行效率与 CPU 数量的乘积（1 GB/s 的网络传输速度，暂时不讨论网络通信带来的时间开销）。

　　（2）sSIFT 特征点匹配的并行化

　　sSIFT 特征点匹配的并行化流程如图 6-17 所示。

　　首先，根据待匹配两图 A、B 的中一幅，例如 A 图作为基准，建立匹配索引并初始化。然后依据总控制索引，逐个从 A 图中找到分片区间的特征点，然后分配给空闲的 CPU，空闲的 CPU 根据 A、B 图的位置关系，找到 B 图对应区间的特征点，然后进行匹配。

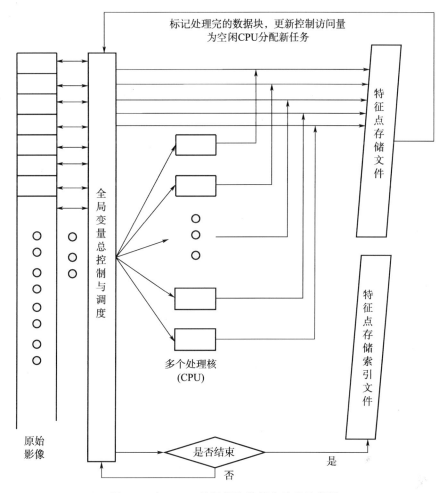

图 6-16　sSIFT 特征提取并行化处理示意图

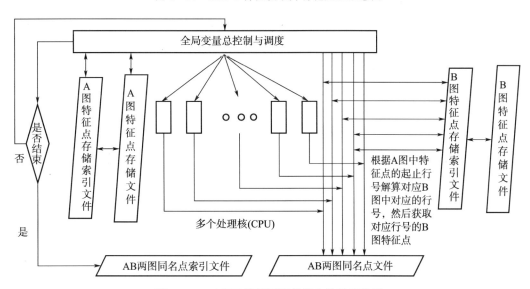

图 6-17　sSIFT 特征匹配并行化处理示意图

此过程中，文件的读取不需要互斥访问，所以并行化的效果也较好。

（3）近似核线影像的准稠密匹配并行化

近似核线影像的准稠密匹配并行化的流程如图 6-18 所示。

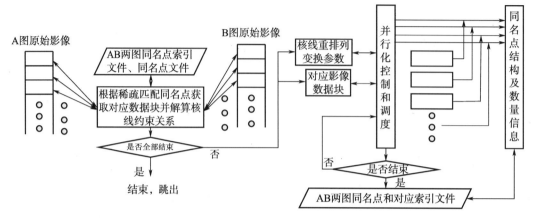

图 6-18　近似核线影像基础上的准稠密匹配并行化示意图

首先，利用初始稀疏匹配的同名点，以其中一幅图为准，例如以 A 图为准，获取对应的稀疏匹配同名点文件，然后获取对应的 A 图片段和 B 图片段，并根据稀疏匹配同名点求出两块图像对应的核线约束关系。然后，根据对应数据块和核线变换参数，逐步进行准稠密匹配，并将匹配结果加入到临时动态申请的存储结构中，直到对应影像块的所有数据行均匹配完毕。

然后，更新准稠密匹配的同名点索引文件，并将新求得的准稠密匹配同名点保存到对应同名点存储文件。重复上述过程，直到所有影像（块）全部匹配完成。

第 7 章　航天应用与遥感影像处理系统集成

航天技术的发展给军事、经济、生产和生活带来发展潜力和挑战机遇。本章介绍航天应用系统中遥感影像匹配的一些具体应用。

7.1　遥感影像匹配与航天应用系统

遥感及影像匹配等技术在军事领域的作用越来越重要，涉及成像观测、目标跟踪与识别、精确制导和现代测绘等多个方面。

7.1.1　成像观测

遥感成像观测，是目前最为有效、最为安全、最为广泛可靠的视觉信息获取手段，按国际惯例，距离地球表面 100km 以上的太空，不属于特定国家"领空"，不必担心卫星活动被指控为侵略行为。因此，航天遥感成像范围广、不受地理条件限制、获取信息快等优点，被广泛推崇。

随着卫星遥感技术和空间传输技术的飞速发展，遥感技术还能对飞行空域、空间、地（水）面、地（水）下区域、地点、人事调动等实施有计划的观察。红外遥感可以昼夜工作、多光谱遥感技术能够获得目标的类型，辅助判断地面动向，尤其可作为夜视的有力支撑；微波遥感技术能够对云雾、植被和地表有一定的穿透能力，可全天候工作。对特定区域进行全天候、全天时、全方位、高动态的观察，可以迅速获取多频段、多时相、高分辨率的遥感信息，从而了解自然灾害、重大活动整体情况，监视、预测下一步态势。

以美国锁眼（KII）系列卫星为代表，其空间分辨率已经优于 0.1 m，lkonos、QuickBird、GeoEye 等优于 1 m 分辨率。从美国公布的空间环境遥感图像来看，"陆地卫星"和其他一些空间飞行器常把接收到的图像信息，通过美国国家航空航天局处理后送给中央情报局等单位。

2015 年 9 月 30 日至 2016 年 3 月 14 日，俄罗斯对叙利亚境内的极端组织展开了一系列空袭行动。俄军部署 10 颗不同类型的卫星对叙实施观测，包括新型 Bars-M "猎豹"光学成像侦察卫星、IotosS "荷花"电子侦察卫星、Persona "角色"高分辨率光学成像侦察卫星、Garpun "鱼叉"数据中继卫星和 3 颗 Resurs P "资源"遥感卫星。

此外，一些新兴遥感技术与交叉应用领域也取得较大突破。例如，利用全球导航卫星系统海面反射信号（Global Navigation Satellite System - Reflection，GNSS - R）可以反演获得海面风场、海面高度、有效波高、海冰、海水盐度等海洋环境参数探测海洋目标，具有重要应用价值。又例如，无人机携带高精度相机设备具备垂直或倾斜摄影的能力，能够低空多角度获取建筑物表面高分辨率纹理影像，其分辨率达到分米级，采用超分辨率等技术建立的高精度 DEM 模型和制作三维实景，在应急测绘及地理信息保障等方面应用广泛。

7.1.2　目标跟踪与识别

红外遥感主要应用于对地进行昼夜红外观测的航天/航空成像和非成像系统，例如红外成像仪、飞机前视装置、夜视仪、热像仪等。国外预警卫星主要通过光学探索导弹或航天运载器的动力推进尾焰产生的高温，探测发现动态目标，通过持续跟踪，可以锁定其弹道和位姿参数，预判其运行轨迹和攻击目标。

比如美军的 SBIRS 卫星系统，还有导弹防御系统等，很多基于这个原理实现。在美军射杀潜在对手和一些重要目标时，通过遥感、网络通信、地面配合等方式，形成目标跟踪的闭环，在条件成熟并确认后，进行导弹攻击。

在 2020 年年初，中国一些城市使用无人机辅助新型冠状病毒感染的肺炎的疫情防控工作，无人机自动识别车号，悬停携带"二维码"供驾驶员进行快速、无接触登记、管理，并进行人员、车辆的跟踪管控。

7.1.3　精确制导

国外，遥感技术可为特定型号炮弹、导弹、鱼雷、太空飞行器等提供达到预定目的所需信息的搜索、变化和执行过程信息，辅以匹配技术可实现精确制导。例如，通过不同时刻的遥感成像，可以解析出目标的位置、运动规律等信息，一些公开文献显示，一些国家在飞机、战术导弹、炮弹、炸弹、巡航导弹末端加上影像末端匹配制导，可以极高地提高打击精度。

美国的战略巡航导弹采用惯性和地形匹配技术制导，以地形轮廓线为匹配特征，用雷达或激光进行高度测定，将导弹在飞行过程中测得的实时地形图与弹上存储的基准图相匹配形成制导指令，从而精确制导。与以往导弹相比，战术战斧可以利用多种传感器平台（飞机、无人机、卫星、步兵、坦克及舰船等）搜索目标，还可利用数据链将弹上传感器获取的战场影像传至以上平台，并具备航区巡逻和飞行中重新编程等全新功能。通过把遥感及匹配技术与武器相结合，不仅可以在打击过程中实现精确制导，第二发巡航导弹还可以悬停空中对上一波次的导弹攻击提供实时评估。

俄军在叙利亚战场上使用了大量卫星制导弹药实施精确打击。2015 年 10 月 7 日，俄海军护卫舰发射 26 枚"口径"巡航导弹准确命中 1 500 km 以外的目标，导弹飞行穿越了复杂的地形，包括沙漠、山区和人口密集地区。除此之外，俄军出动了包括"图 - 95"在内的 3 款战略轰炸机等进行远程和超远程奔袭打击。

美军天基信息系统对其典型远程精确打击引导能力的增强，突出表现为大幅缩短了 20 世纪 90 年代以来美军历次主要战争中从发现至打击全过程的时间，从海湾战争的 24 小时，提升至目前的十几分钟，并计划缩短至数分钟以内。

7.1.4　现代测绘地理

高分辨率遥感影像自动化匹配与处理系统，可以进行地形快速自动三维重建、虚拟场景（VR）构建、地形量测，并进行自动、（近）实时变化监测。广泛应用于国土资源的保护与利用，以及数字化城市的规划与建设、重大自然灾害动态监测和灾情评估等领域。

实现高精度摄影测量定位，一方面在于不断改进区域网平差计算方法和探索新的区域网平差数学模型，另一方面在于深入研究区域网中地面控制点的布设方案和减少控制点的措施。当前，基于航空、航天遥感的对地目标定位趋向于不依赖地面控制，将有效提高地形测绘的效率，进而实现实时测图和实时数据库更新。随着信息产业的进一步发展和用户需求的进一步推动，"数字街区""数字厂区""数字校园"等小范围地理空间信息应用在当前已经非常普遍，地理空间信息获取及运用日趋精细、实用。

在"动态监测"日益成为世人共识的情况下，提高基于航空、航天遥感影像的三维地形重建的速度、精度和自动化程度，构建大规模全景三维地形实时、准实时重建系统，将为社会生产各部门提供具有很强现实性的三维空间信息。前期，以数字摄影测量与遥感为基础的三维地形重建已经有较长的发展历史，形成了一整套完整的技术体系。目前，正朝着自动、实时、高效、高精度、便携的方向发展。

此外，对于远程操作，加之摄像机和摄像头等成像系统，很多具有一定危险性的工作将可以在远离人群和操作人员的地方进行精准远程操作。

7.2　天基信息支援下的全球数据综合分析系统构想

美国、俄罗斯已经拥有包括信息获取系统、信息传输与分发系统、时空基准系统在内的应用卫星体系。

7.2.1　美航天遥感与系统应用

目前，美国在轨卫星构建了高、中、低轨搭配的多谱段、全天候、全天时的战场侦察监视体系，建设了覆盖全球重点海区和地区的弹道导弹预警体系，形成了全球实时、可靠的多体制、多频段通信中继体系，建立了全球、全天候、连续高精度定位与授时服务体系。

（1）美典型天基信息系统

经过 50 多年的发展，目前已形成了以侦察卫星、预警卫星、军事通信卫星和导航定位卫星为主的天基信息系统。该系统包括：天基信息获取系统（侦察、预警卫星系统），天基信息传输系统（军用通信卫星系统），天基信息保障系统（导航定位卫星系统），地面信息处理应用系统（地面站、数据处理中心和指挥控制中心）等模块。例如，新一代的导弹预警卫星 SBIRS 系统，高空核爆炸探测组合（NUDET），先进光电预警传感器（AEOWS），弹道导弹防御技术（ABMDT），"空间中段监视"试验卫星（MSV）系统等。

天基信息系统通过星间链路、星地链路，连接不同轨道、不同种类、不同性能的卫星及星座，以及相应的空中、地面设施，支持指挥、控制、通信，基本上具备了全球侦察、监视、预警、通信和导航定位的能力，从而实现陆、海、空、天信息的综合利用。

欧洲、美国、加拿大等国家和地区十分重视发展遥感卫星系统技术，从政策、资金等方面给予重视和倾斜，并围绕遥感卫星系统的设计、研制、生产以及卫星遥感数据获取、接收、处理、分发、应用等全链路的关键环节制定了相应的标准，开发了一些配套的面向引用的信息系统。例如，国外有代表性的遥感卫星系统包括地球观测系统（EOS）、全球对地观测系统（GEOSS），主要的光学卫星系列包括 SPOT 系列、QuickBird 、以及 WorldView 系列、IRS 系列、RapidEye 系列、DMC 星座；主要的雷达卫星包括 RadarSat 系列、Terra X - SAR 系列、ENVISAT 系列、ALOS 系列等。

（2）美指挥控制系统天地基一体化发展

美军倡导"快速反应、全球到达、全球部署、精确打击、太空控制"航天系统建设计划，"作战响应空间"（ORS）亦称为"传统快速响应航天"，遵循任务需要进行设计。美国通过推进全球信息栅格（GIG）、全球指挥控制系统（GCCS）、分布式通用地面站（DCGS）等建设，实现了信息系统与应用系统的深度结合，大幅缩短了"侦察－打击"时间，空间信息系统成为美军远程精确打击力量的"倍增器"。

美军战略指挥控制系统，也将实现综合一体化、态势感知实时化、系统安全化和设备智能化，并形成一个安全、可靠、统一和互通的强大的"全球信息栅格"。它将使指挥、控制、通信、计算机及情报集成成为可能，并提高系统的互操作能力。

同时，美军注重鼓励创新环境。积极推进技术创新和商业发展，并坚持用实战和演练检验并推进体系建设不断完善。例如，通过历年组织的"施里弗""太空旗""全球哨兵"等演习，检验和丰富控制手段、模拟推演能力，实现所谓"保护己方利用空间和拒止敌人利用空间"的控制空间的目的。

（3）针对时敏目标的杀伤链 OODA 框架

天基系统具有战场绝对高位优势、不受区域边界限制和不依赖制空制海权的显著特点，是解决远程精确打击目标信息保障的关键。将天基信息与精打武器深度铰链，能够推动天基系统向战役战术应用转型。

"针对时敏目标的杀伤链"[196]是典型的美军远程精确打击作战样式。针对时敏目标的杀伤链，是建立在"观察-判断-决策-行动"（Observe - Orient - Decide - Act，OODA）概念基础上的，通常杀伤链分为 F2T2EA（ Find, Fix, Track, Target, Engage, Assess），也即发现、锁定、跟踪、定位、交战 、评估六个阶段：1) 发现阶段（Find），指使用情报收集手段，探测识别目标的过程；2) 锁定阶段（Fix），利用多种情报资源（信号情报、图像情报、地理空间情报、人力情报等），分析判明新出现目标、模糊目标的性质、准确位置等信息；3) 跟踪阶段（Track），对已识别目标进行跟踪，并对目标信息进行持续更新；4) 定位阶段（Target），确定针对目标的交战优先次序，研究交战附带损失、交战规则等交战结果相关事项，选定作战单位，下达交战任务；5) 交战阶段

(Engage)，在这个阶段，根据定位阶段的指示要求，具体实施作战行动；6）评估阶段（Assess），对交战结果进行评估，并研究是否有必要对目标发动新一轮打击。

此外，美国发展系列高新"黑科技"。

7.2.2　俄罗斯航天遥感与系统应用

海湾战争和伊拉克战争对俄罗斯有很大震动，卫星在现代化战争中的重要作用越来越引起俄领导层的重视，优先发展航天力量，抓紧推进太空力量建设。总体上，使航天器的组成和状态、预警系统、反导系统和宇宙太空控制等方面保持在足以保证国家防卫和独立的水平；发展发射设施、发射场的基础设施和航天器地面自动化控制系统；建造有潜力价值的军民两用的太空设施和系统。

（1）俄罗斯典型天基预警监视系统

俄罗斯为提高导弹武器突防能力和二次打击能力，以及空天防御和信息作战能力，优先安排天基系统建设，加紧研发侦察、通信、导航、气象等天基信息系统。例如，GLONASS 导航卫星系统补网取得进展，逐渐恢复覆盖全球的高精度导航定位能力；实验型通信卫星、侦察卫星、预警卫星也相继发射升空，太空感知能力得以增强。

俄军为建立统一的空天预警系统，形成远、中、近程和高、中、低空以及空间、临近空间严密衔接的预警网，进一步提高综合探测能力，并筹建空中空间一体化预警系统。分阶段建立自动化预警系统和统一的战场自动化侦察信息系统，以优化雷达预警系统对导弹袭击侦察监视能力，实现了多弹头高精度毁伤手段与侦察手段的一体化。

在空间态势感知方面，俄罗斯是除美国之外唯一拥有空间监视系统的国家，其空间监视系统（SSS）是世界上第二大空间监视网络，主要由预警雷达探测网和分布在 14 个地区的 20 多部光电设备，以及配套处理系统等组成。

（2）俄罗斯典型天基信息系统

俄罗斯有选择、有重点地发展关键技术领域，改进急需的武器装备，以求能够较快地带动大军信息化建设。为了更好地利用空间，不断完善从信息获取到信息传输以及时空基准的应用卫星体系，重点发展时空分辨率更高的侦察卫星系统、快速探测的天基预警卫星、抗干扰的导航卫星和高数据率的通信卫星等。同时，俄罗斯全力推动远程通信系统建设，逐步建设数字式远程通信系统，开发卫星通信、测绘及导航系统，并大力发展信息化平台系统。

俄天基信息系统承担战场侦察、通信、导航、气象等情报服务，保障整个战场的情报流程，能够实现持久监视侦察，及时传递分发战场情报和为远程精确打击提供情报支援，确保俄军对战场态势的有效掌控。俄罗斯也在积极推进主战武器与信息支援装备的有机结合，以实现各个分系统的信息融合与均衡发展，从而发挥出作战体系的整体威力。

同时，俄罗斯致力于开发空天防御体系新型信息网络系统，以期在指挥机构之间形成统一的指控网，实现各种系统链路和情报数据共享。最大限度地发挥其综合效能支持战略、战役、战术层次的军事活动，并实现跨军兵种信息共享。俄军还综合运用陆海空多种平台的侦察手段，与天基信息平台获取的数据进行相互比对、验证和完善，跨域整合情报资源，使俄军形成完整、准确的战场态势感知，为其军事行动提供了极有力的情报保障。

（3）俄罗斯 2025 年前对地遥感航天系统发展

根据《2025 年前俄罗斯航天对地遥感系统的发展纲要》[197] 所制定的计划，俄对地遥感航天系统的未来组成将包括以下航天系统和子系统：1）两个同步气象卫星组成的航天系统，用于几乎不间断地探测地球热带区大规模的大气变化过程，同时探测邻接的更高纬度区域，包括俄罗斯的南部；2）两个中高度极轨气象卫星组成的航天系统，用于在全球范围内的综合性业务和定期观测地表上大气下垫面和近地空间大气层的水文气象参数；3）两个光电业务探测卫星组成的航天系统，用于完成对地遥感的自然经济任务的总和，需要结合中、高空间分辨率的对地照片（从 0.5～1 m 到 20～50 m），具有中等观测周期（10 昼夜和大于 10 昼夜）；4）一个无线电物理学探测卫星（超高频谱段）组成的航天综合体，用于高纬度区域的冰情侦察和用于全部太平洋洋面的海洋学及海洋水文研究；5）一个雷达探测卫星组成的航天综合体，具有高、中分辨率（1～50 m），用于全天候探测，完成对地遥感的自然经济任务的详查；6）由小卫星组成的多卫星航天系统，用于高业务效能的地震等人为和自然突发灾害的监测；7）由微卫星组成的多卫星航天系统，用于发现森林火灾的燃烧源点、水文气象灾害现象及其他需要极高观测周期的对地遥感探测任务；8）定期发射统一化轨道平台型号的航天器，在依次发射的每个航天器上装有用于基础性地球科学研究的对地遥感新型仪器的综合体；9）大地绘图的航天系统。

从 2015 年（2017 年）到 2025 年间，将逐步实现俄罗斯对地遥感航天系统的远景计划，包括所有计划规定的对地遥感航天系统和航天综合体。为此，俄罗斯将作出一些新的部署和调整，包括：第一步，对上述建立的航天系统和航天综合体进行进一步的现代化改进；第二步，增加"火山"航天器系统的数量至 18～24 颗，增加光电业务、无线电物理和高度详查雷达探测卫星的数量到 3 颗（每个系统），以便把观测周期提高到最大所需值，这一步最重要任务之一是研制和建立由对地遥感微卫星组成的多卫星系统，用于发现森林火源和监视紧急异常情况；第三步，最优先的问题是研制和建立统一的轨道平台，用于地球基础研究，和以后以此具有可替换星载对地遥感仪器综合体的平台为基础，开始实施研究作为完整的生态系统的太阳系行星演化的专门的科学计划。

此外，发展遥感信息的地面接收、处理、存储和分发综合体，作为对地遥感统一领土分配系统，结构包括 5 级：1）联邦对地遥感中心，隶属俄罗斯航天局，负责实施协调其他级别和负责管理总产品目录；2）负责其本地区用户服务的各种地方部门机关附属的大型地方中心；3）大型和普通的专题处理中心，服务于俄联邦独立主体的用户；4）分给俄罗斯行政中心和城市的小型租订预定站点；5）对地遥感空间信息的用户。

7.2.3　建立全球 RS、GIS、GPS 航天信息融合应用系统

我们处在信息化社会，伴随着智能化的进程，人们对通信、导航定位、气象等信息的支持愈现迫切，需要全方位、全纵深、全天候、实时的立体支撑。这就需要融合民、商航

天力量，综合利用天基信息系统，建立分布式卫星信息资源管理与共享系统，建成我国特色的航天信息应用栅格，发展（GIS/ GPS/ RS）综合集成应用技术。

天基信息网络是未来空间系统发展的重要依托，天基集成信息的有效掌控与高效处理运用已是必不可少的关键因素。加强我国对地观测系统中卫星遥感及处理系统的能力建设，将航天遥感（MRS）与地理信息系统（GIS）、全球定位系统（GPS）结合起来，建立全球地理、空间、特征信息等综合系统，不断提高时间、空间和频谱分辨率，及时更新遥感数据，缩小特定区域信息获取的时间和成本消耗，必将带来生产生活的重大飞跃。

（1）北斗定位系统

通常的导航定位系统是由空间星座、地面控制和用户设备等三部分构成，能够快速、高效、准确地提供点、线、面要素的精确三维坐标以及其他相关信息。具有全天候、高精度、自动化、高效益等显著特点，广泛应用于军事、民用交通、导航、测量等领域。除美国 GPS 外，世界其他主要国家纷纷研究了自己的全球导航定位系统，如中国的北斗卫星导航系统、俄罗斯的 GLONASS 系统、欧盟的欧洲导航卫星系统和日本的"准天顶"卫星系统等。

长期以来，我国卫星导航应用基本被国外技术垄断，交通运输、电力调度、通信网络、金融系统等重要基础设施过分依赖 GPS。目前，卫星导航系统可提供高精度、全天候的导航定位和授时服务，是最重要的时空基准资源之一，已成为国家安全和经济社会不可或缺的信息基础设施。然而，就市场与应用系统而言，还没有完全融入生产生活，还没有占据导航业界的主导地位。

北斗系统创新融入了导航与通信能力，具有实时导航、快速定位、精确授时、位置报告和短报文通信服务五大功能。北斗卫星导航系统采用三种轨道卫星组成的混合星座设计，与其他卫星导航系统相比高轨卫星更多，抗遮挡能力强，尤其对于低纬度地区性能特点更加明显。北斗可以提供多个频点的导航信号，能够通过多频信号组合使用等方式提高定位精度。"北斗一号"试验系统于 2003 年建成投入使用，"北斗二号"系统已经逐步升级，2020 年完成 30 颗卫星发射组网，初步实现覆盖全球，基本建成全球卫星导航系统。2035 年，将建设完善更加泛在、更加融合、更加智能的综合时空体系。中国的北斗卫星导航系统应当继续坚持自主建设、独立运行的原则，发展专项技术和分权管理，为全球用户提供全天候、全天时、高精度的定位、导航和授时服务，为国计民生、国防建设、生产生活提供强大后盾。

（2）下一代多功能 GIS

地理信息系统（GIS，Geography Information Systems）又称为"地学信息系统"或"资源与环境信息系统"。它是在计算机硬、软件系统支持下，对整个或部分地球表层（包括大气层）空间中的有关地理分布数据进行采集、储存、管理、运算、分析、显示和描述的技术系统。地理信息系统处理、管理的对象是多种地理空间实体数据及其关系，包括空间定位数据、图形数据、遥感图像数据、属性数据等，用于分析和处理在一定地理区域内分布的各种现象和过程，解决复杂的规划、决策和管理问题。

美军提出了指挥信息系统"网络化"的概念，将网络化的指挥信息系统作为提高未来联合作战指挥能力的最重要途径，将发展"网络中心战"能力作为军事转型的落脚点。随着美国 SpaceX 公司小星座计划的展开，美国的天基链路更加突出全域覆盖、超高带宽、强大稳健性、军民多用等特征。这些为其下一步提高能力、占据市场布下了局。

我国的地理信息系统，也需要通过"全球信息栅格"方式，作为信息通信基础设施工程，有效融入全球实时遥感和历史数据，加强大数据处理效率和能力，异构跨域互联，动态按需构建，"区块链"等技术与信息栅格全面综合，为"互联网＋"服务和经济带来推动力。

（3）信息综合与交互系统

虚拟现实（VR，Virtual Reality）技术，是一种用以创建和体验虚拟世界（Virtual World），涉及计算机、传感与测量、仿真、微电子等多种技术的综合集成技术。虚拟现实以模拟方式为使用者创造一个实时反映实体对象变化与相互作用的三维图像世界，在视、听、触、嗅等感知行为的逼真体验中，使参与者可直接探索虚拟对象在所处环境中的作用和变化，仿佛置身于虚拟的现实世界中，产生沉浸感、想象力、和实现交互。

随着虚拟现实及其相关技术的发展，数字地球、数字中国、数字城市受到人们的普遍关注，虚拟场景建模及漫游成为近年来的一个研究热点，其综合了计算机图形学、计算机视觉、多媒体技术等学科领域的关键技术，通过在计算机中生成一个虚拟环境，使用户产生一种身临其境的真实感受，现在已经广泛应用到航天航空、模拟仿真、教育与培训、城市规划等各个领域中。

7.3 有关思考与展望

我国遥感卫星系统技术及其应用已形成一定基础，近年来航天信息技术得到长足进步，但总体上与国际先进水平相比仍有较大差距[198]，卫星系统与地面应用相对脱节，遥感卫星信息资源的最大效能尚未充分发挥，高精度的基础地理信息获取与处理技术相对落后，高效卫星信息融合处理机制及技术、信息安全理论与技术等方面的研究存在较大差距，突出表现在系统顶层设计、卫星平台技术、遥感信息高精度处理和空间信息融合等方面，有必要发挥后发优势，搞好规划建设，预置处理重难点问题。

（1）注重天基系统关键技术研发

加强天基航天装备与网络系统设计，论证攻关"能够改变未来游戏规则"的航天技术，处理好借鉴、继承与自主创新的关系，带动管理技术、传输技术、处理技术进步。

深化海量大数据处理与数据挖掘运用技术。遥感卫星系统许多问题集中表现在：一方面大量的遥感数据仍未得到真正有效的利用，另一方面遥感应用所需求的有效信息又十分匮乏。这两者实际上是从不同侧面反映了遥感数据应用的有效性问题，为此有必要从遥感信息链的角度分析影响遥感卫星系统应用效果的卫星平台、有效载荷、传输链路、地面系统等关键要素，提升后续遥感卫星系统应用效能。同时，重视存档数据价值的挖掘和使用。

综合光学/电子成像技术和匹配算法等处理技术。目前,国内外匹配技术及算法已取得一定进展和成果,而遥感影像自动化匹配核心技术的突破仍待深入研究,实现自动的、高精度的、稳健的、高匹配正确率、快速的匹配仍然是业界的研究热点和目标。一方面,随着硬件技术的不断发展,需要研究精度更高、近实时化(实时)的平差与三维优化方法、大重叠多幅高分辨率遥感影像联合区域解算等方法。另一方面,加大高、新光学成像原理与成像模型研究,以及对应设备研发,进一步提高三维重建和匹配效率。

升级具有一定智能化水平的自动化处理应用技术。全面推进国产并行化遥感处理系统建设,包括卫星平台系统、目标成像系统、自动化匹配系统、三维重建系统、信息处理系统、智能分类与检索等方面技术,不断提高遥感信息的获取、处理和应用能力。同时,在逐步推进交叉学科领域带来产业跨带发展的契机,将信息化系统与导航定位、无人驾驶、智慧城市、数字校园、3D打印等技术融合起来,逐步推进工程化、实现产业化,通过良性的竞争与市场推广,促进关键技术与产业实践的迭代升级。

(2)逐步提高自主可控能力,加快空间系统产业化建设

我国应以俄罗斯的经验为鉴,发展天基信息系统要改变过去"重硬件,轻软件"的思想,注重地面配套设施和软件系统开发,不断充实完善配套体系,切实提高天基信息及应用系统综合。

重点抓好空、天、地融合式的遥感与处理系统建设。进一步提高卫星导航定位系统的定位精度、覆盖范围和导航能力,发挥和保持我国航天器/运载器发射、测控与在轨管理、载人航天等领域优势的同时,加大力量弥补在操作系统、精确控制等领域的技术短板。不断提高复杂环境下多种通信链路信息传输的可靠性和适应能力,发展超宽带、高数据率和抗干扰能力强的卫星通信与传输系统。

采取灵活的卫星数据与技术运营策略。采用军、民、商融合发展策略,制定支持国家高分辨率遥感产业发展的国家遥感政策,鼓励央企和民间资本进入全球商用遥感卫星运营市场,提升竞争力,推动商业遥感卫星技术发展。

建强国产化的自主可控的天基系统,与专业应用紧密结合,重视标准产品的生产,建设高效地面系统,结合高性能计算机,采取分布式、并行化、区块链等技术,促进卫星发展、地面系统和支撑建设与遥感应用军民融合技术发展。

参 考 文 献

[1] 王军，张明柱．图像匹配算法的研究进展［J］．大气与环境光学学报，2007，2（1）：11-15.

[2] 吕金建．基于特征的多源遥感图像配准技术研究［D］．长沙：国防科学技术大学，2008.

[3] 刘利生，吴斌，杨萍．航天器精确定轨与自校准技术［M］．北京：国防工业出版社，2005.

[4] 孙家抦．遥感原理与应用［M］．武汉：武汉大学出版社，2009.

[5] 胡杰，基于传输型卫星的月球三维影像快速生成技术［D］．北京：装备学院（装备指挥技术学院），2009.

[6] 中国探月网，绕月探测工程第一幅月面图像局部三维景观图［EB/OL］，http：//www.clep.org.cn/index.asp? modelname = zt％ 5Fkxtc％ 5Fcggx％ 5Fnr&FractionNo = &titleno = cggxiang&recno=13，2012-12-09.

[7] 张广军．机器视觉［M］．北京：科学出版社，2005.

[8] TSAI R Y. An efficient and accurate camera cal1bration technique for 3D machine vision［J］. Proc CV PR 1986：364-374.

[9] ZHANG Z Y. A flexible new technique for camera calibration［J］. IEEE Transaction on pattern Analysis and Machine Intelligence，2000，22（11）：1330-1334.

[10] 孙即祥，王晓华，钟山，等．模式识别中的特征提取与计算机视觉不变量［M］．北京：国防工业出版社，2001.

[11] BOUFAMA B S，MOHR R. A stable and accurate algorithm for computing epipolar geometry［J］. International journal of pattern recognition and artificial intelligence，1998，12（06）：817-840.

[12] 李华光，陈鹰．基于数字纠正的核线影像生成方法［J］．山东建筑工程学院学报，2004，19（4）：45-48.

[13] JIANG Z T，WU M，ZHENG B N. A linear and aspect ratio invariant rectification method for stereo vision［C］. 2008 International Conference on Computer Science and Software Engineering. 2008：903-906.

[14] 张占睦，芮杰．遥感技术基础［M］．北京：科学出版社，2007.

[15] ZHU Z G，TANG H，MOLINA E. Geo-Referenced Dynamic Pushbroom Stereo Mosaics for 3D and Moving Target Extraction-A New Geometric Approach［R］. City College of New York December，Air Force Research Laboratory Sensors Directorate，2009.

[16] 苏文博，唐新明，范大昭，等．线阵CCD卫星影像外方位元素求解的研究［J］．测绘科学，2010，35（2）：49-50.

[17] 甘田红，闫利．基于岭估计的三线阵CCD影像外方位元素去相关性方法研究［J］．测绘通报，2007（3）：19-22.

[18] 王任享．三线阵CCD影像卫星摄影测量原理［M］．北京：测绘出版社，2006.

[19] 巩丹超，张永生．有理函数模型的解算与应用［J］．测绘学院学报，2003，20（1）：39-46.

[20] MICHEL MORGAN. Epipolar Resampling of Linear Array Scanner Scenes［D］. Department of

Geomatics Engineering Calgary, Alberta. May, 2004.

[21] 巩丹超,张永生,刘宏. 扩展核线模型在线阵 CCD 卫星遥感影像立体匹配中的应用 [J]. 高技术通讯,2006,16 (6):570-574.

[22] 王任享,王建荣,王新义,等. LMCCD 相机卫星摄影测量的特性 [J]. 测绘科学,2004,29 (4):10-12.

[23] 王新义,胡莘,杨俊峰. "嫦娥一号"卫星摄影测量综述 [J]. 测绘科学与工程,2008,28 (2):35-41.

[24] PAUL ALBERT POPE. Development of a method to geographically register airborne scanner imagery through parametric modeling with image - to - image matching [D]. University of Wisconsin Madison. 2001.

[25] 王任享. 我国无地面控制点摄影测量卫星相机 [J]. 航天返回与遥感,2008,29 (3):6-9.

[26] 王书民,张爱武,崔营营. 基于降采样处理的低空遥感影像 SIFT 特征匹配分析 [J]. 测绘通报,2011,9:18-20.

[27] 刘松林,哈长亮,郝向阳,等. 基于机器视觉的线阵 CCD 相机成像几何模型 [J]. 测绘科学技术学报,2006,23 (5):387-390.

[28] 沈荣骏,李学军. 自动制图-月球遥感数据处理的新方向 [J]. 装备指挥技术学院学报,2010,21 (1):1-5.

[29] ZHAO J,SUN J X,LEI L,et al. Automatic registration of remote sensing images based on SURF and NSNNI [C]. MIPPR 2009:Remote Sensing and GIS Data Processing and Other Applications,Proc. of SPIE,2009. Vol. 7498,doi:10.1117/12.832553.

[30] 程亮,龚健雅,宋小刚,等. 面向宽基线立体影像匹配的高质量仿射不变特征提取方法 [J]. 测绘学报,2008,37 (1):77-82.

[31] 刘立. 基于多尺度特征的图像匹配与目标定位研究 [D]. 武汉:华中科技大学,2008.

[32] VICTOR J D TSAI. A Comparative Study on Shadow Compensation of Color Aerial Images in Invariant Color Models [J]. IEEE TRANSACTIONS ON GEOSCIENCE AND REMOTE SENSING,2006,44 (6):1661-1671.

[33] 刘雅蓉,汪西莉. LUV 色彩空间中多层次化结构 Nystrtrom 方法的自适应谱聚类算法 [J]. 中国图象图形学报,2012,17 (4):530-536.

[34] LINDEBERG T. Scale - space theory:A basic tool for analyzing strucures at different scale [J]. Journal of Applied Statistics. 1994,21:225-270.

[35] CAI H P,LEI L,SU Y. An Affine Invariant Region Detector Using the 4th Differential Invariant [C]. 19th IEEE International Conference on Tools with Artificial Intelligence. 1082 - 3409/07,2007,540-543.

[36] 李德仁,王密,潘俊. 光学遥感影像的自动匀光处理及应用 [J]. 武汉大学学报(信息科学版),2006,31 (9):753-756.

[37] 万聪梅,谢晗昕,张勇. 基于 PDE 方法的遥感图像处理 [J]. 计算机测量与控制,2006.1 4 (9):1254-1256.

[38] FREEMAN W T,ADELSON E H. The design and use of steerable filters [J]. IEEE Transactions on Pattern Analysis and Machine Intelligence,1991,13:891-906.

[39] AMR ABD - ELRAHMAN. Applying pattern recognition and high - to - low resolution image

matching techniques for automatic rectification ofsatellite images ［D］. USA：University of Florida，2001.

［40］ 张祖勋，张剑清. 数字摄影测量学［M］. 武汉：武汉大学出版社，1997.

［41］ Krystian Mikolajczyk, Cordelia Schmid. Scale & Affine Invariant Interest Point Detectors ［J］. International Journal of Computer Vision. 2004，60（1）：63 - 86.

［42］ 李德仁，周月琴，金为铣. 摄影测量与遥感概论［M］. 北京：测绘出版社，2001.

［43］ GUO - ZUN MEN, JIA - LI CHAI, JIE ZHAO. A fast matching algorithm with an adaptive window based on quasi - dense method ［C］. Proceedings of the Eighth International Conference on Machine Learning and Cybernetics, Baoding, 2009. 1641 - 1646.

［44］ 张永生. 高光谱影像分类若干关键技术的研究［D］. 郑州：解放军信息工程大学，2006.

［45］ ZHANG W B, GAO X T, SUNG ERIC, et al. A feature - based matching scheme：MPCD and robust matching strategy ［J］. Pattern Recognition Letters. 2007（28）1222 - 1231.

［46］ YASSINE RUICHEK. Multilevel - and Neural - Network - Based Stereo - Matching Method for Real - Time Obstacle Detection Using Linear Cameras ［J］. IEEE Transactions on Intelligent Transportation Systems, 2005, 6（1）：54 - 62.

［47］ 吴一全，陈飒. 基于 Contourlet 域 Krawtchouk 矩和改进粒子群的遥感图像匹配［J］. 宇航学报，2010，31（2）：514 - 520.

［48］ ZHU Q, WU B, WAN N. A Filtering Strategy for Interest Point Detecting to Improve Repeatability and Information Content ［J］. Photogrammetric Engineering & Remote Sensing. 2007，73（5）：547 - 553.

［49］ DENG B S, GAO Y, WU L D, et al. Accurate Feature Point matching Based on Affine Iterative Model ［C］. IEEE, Piscataway, NJ. USA. International Conference on Information & Communication Technologies：from Theory to Applications. Damascus，Syria. 2006：2969 - 2973.

［50］ Bodong Liang, Ronald Chung. Stereo Matching by Interpolation ［J］. 7th Asian Conference on Computer Vision, ACCV, Hyderabad, India. 2006：439 - 448.

［51］ Andrea Albarelli, Emanuele Rodolà, Andrea Torsello. Imposing Semi - Local Geometric Constraints for Accurate Correspondences Selection in Structure from Motion：A Game - Theoretic Perspective ［J］. Int J Comput Vis. 2011，24：DOI 10. 1007/s11263 - 011 - 0432 - 4.

［52］ MIKOLAJCZYK K, SCHMID C. A performance evaluation of local descriptors ［J］. IEEE Trans. Pattern Anal. Machine Intell. 2005，27（10）：1615 - 1630.

［53］ WENG J Y, AHUJA N, HUANG S T. Matching Two Perspective Views ［J］. IEEE Transactions on Pattern Analysis and Machine Intelligence, 1992，4（8）：806 - 825.

［54］ 孙晶. 图像局部不变特征提取技术研究及其应用［D］. 大连：大连理工大学，2009.

［55］ 唐永鹤，陶华敏，卢焕章. 一种基于 Harris 算子的快速图像匹配算法［J］. 武汉大学学报（信息科学版），2012，37（4）：406 - 410.

［56］ 龚平，刘相滨，周鹏. 一种改进的 Harris 角点检测算法［J］. 计算机工程与应用，2010，46（11）：173 - 175.

［57］ 陈淑荞. 数字图像特征点提取与匹配的研究［D］. 西安：西安电子科技大学，2009.

［58］ WENG M Y, HE M Y. Image Feature Detection and Matching Based on SUSAN Method ［C］. Proceedings of the First International Conference on Innovative Computing, Information and Control

(ICICIC'06)，2006. DOI：0 - 7695 - 2616 - 0/06.

[59]　周志强，汪渤，吕冀. 不同分辨率图像的角点匹配方法 [J]. 北京理工大学学报，2008，28 (7)：598 - 601.

[60]　Masatoshi Nishimura. A Vlsi Computational Sensor for the Detection of Image Features [D]. University of Pennsylvania，2001.

[61]　MIKOLAJCZYK K，TUYTELAARS T，SCHMID C，et al. A Comparison of Affine Region Detectors [J]. International Journal of Computer Vision 2005，65 (1/2)：43 - 72.

[62]　Ruan Lakemond，Sridha Sridharan，Clinton Fookes. Hessian - Based Affine Adaptation of Salient Local Image Features [J]. J Math Imaging Vis. DOI 10. 1007/s10851 - 011 - 0317 - 8.

[63]　TINNE TUYTELAARS，LUC VAN GOOL. Matching Widely Separated Views Based on Affine Invariant Regions [J]. International Journal of Computer Vision 2004. 59 (1)：61 - 85.

[64]　MATAS J，CHUM O，URBAN M，et al. Robust wide baseline stereo from maximally stable extremal regions [C]. Electronic Proceedings of the 13th British Machine Vision Conference，Cardiff，UK . British Machine Vision Assoc，Manchester. 2002 . 384 - 93.

[65]　Ambar Dutta，Avijit Kar，Chatterji B N. A new approach to corner matching from image sequence using fuzzy similarity index [J]. Pattern Recognition Letters. 2011，32：712 - 720.

[66]　邵泽明，朱剑英. RSTC 不变矩图像特征点匹配新方法 [J]. 华南理工大学学报 (自然科学版)，2008，36 (8)：37 - 40.

[67]　简剑峰，尹忠海，周利华，等. 基于直方图不变矩的遥感影像目标匹配方法 [J]. 西安电子科技大学学报 (自然科学版)，2006，33 (4)：584 - 587.

[68]　BORZÌ A，DI BISCEGLIE M，GALDI C，et al. Robust registration of satellite images with local distortions [C]. Geoscience and Remote Sensing Symposium，2009 IEEE International，IGARSS 2009，Cape Town，South Africa. 2009，3：III251 - III254.

[69]　姚志均，刘俊涛，周瑜，等. 基于对称 KL 距离的相似性度量方法 [J]. 华中科技大学学报 (自然科学版)，2011，39 (11)：1 - 4.

[70]　KEVIN TONEY ABBOTT. Applications of Algebraic Geometry to Object/Image Recognition [D]. Texas A&M University. 2007.

[71]　WINDER S，BROWN M. Learning Local Image Descriptors. IEEE. CVPR [C]，Minneapolis，MN，United States. 2007. DOI：1 - 4244 - 1180 - 7.

[72]　吕冀，赵龙，史国清. 一种旋转不变特征描述符 [J]. 光电子·激光，2010，21 (6)：944 - 948.

[73]　谢明霞，王家耀，郭建忠，等. 不等距划分的高维相似性度量方法研究 [J]. 武汉大学学报 (信息科学版). 2012，37 (7)：780 - 783.

[74]　贺玲，吴玲达，蔡益朝. 等. 多媒体数据挖掘中数据间的相似性度量研究 [J]. 国防科技大学学报，2006，28 (1)：77 - 80.

[75]　邵昌昇，楼巍，严利民. 高维数据中的相似性度量算法的改进 [J]. 计算机技术与发展. 2011，21 (2)：1 - 4.

[76]　杨晟，李学军，刘涛，等. 高分辨率遥感影像匹配中的相似性度量综述 [J]. 测绘地理与信息，2013.5.

[77]　董晓莉，顾成奎，王正欧. 基于形态的时间序列相似性度量研究 [J]. 电子与信息学报，2007，29 (5)：1228 - 1231.

[78] 胡茂海. 基于相关输出相似性度量的目标识别算法 [J]. 中国激光, 2012, 39 (4). 0409002 - 1 - 4.

[79] GUO X, CAO X. Good match exploration using triangle constraint [J]. Pattern Recognition Lett. (2011), doi: 10.1016/j. patrec. 2011.08.021.

[80] 陈卫兵. 几种图像相似性度量的匹配性能比较 [J]. 计算机应用, 2010, 1: 98 - 100, 110.

[81] 刘宝生, 闫莉萍, 周东华. 几种经典相似性度量的比较研究 [J]. 计算机应用研究, 2006 23 (11): 1 - 3.

[82] LOWE D G. Distinctive image features from scale - invariant keypoints [J]. International Journal of Computer Vision (IJCV). 2004, 60 (2): 91 - 110.

[83] ZHENG Y B, HUANG X S, XU W Y et al. A Novel Local Descriptor Based on Image Patch Gray - value Coding [C]. Proceedings of the 2009 IEEE International Conference on Robotics and Biomimetics December 19 - 23, 2009, Guilin, China. 1276 - 1280.

[84] PEDRAM AZAD, TAMIM ASFOUR, RUDIGER DILLMANN. Combining Harris Interest Points and the SIFT Descriptor for Fast Scale - Invariant Object Recognition [C]. The 2009 IEEE/RSJ International Conference on Intelligent Robots and Systems, St. Louis, USA. 2009, 4275 - 4280.

[85] HEMERY B, LAURENT H, EMILE B, et al. Comparative Study Of Local Descriptors For Measuring Object Taxonomy [C]. 2009 Fifth International Conference on Image and Graphics, 2009, 38: 276 - 281.

[86] 熊艳艳, 吴先球. 粗大误差四种判别准则的比较和应用 [J]. 大学物理实验, 2010, 23 (1): 66 - 68.

[87] YANG J Z. The thin plate spline robust point matching (TPS - RPM) algorithm: A revisit [J]. Pattern Recognition Letters 2011, 32: 910 - 918.

[88] HERBERT BAY, ANDREAS ESS, TINNE TUYTELAARS, et. Speeded - Up Robust Features (SURF) [J], International Journal of Computer Vision and Image Understanding, 2008, 110 (3): 346 - 359.

[89] GAO J, HUANG X H, PENG G, et. Color - based scale - invariant feature detection applied in robot vision [C]. MIPPR 2007: Remote Sensing and GIS Data Processing and Applications; Proc. of SPIE Vol. 6790, 67904E, (2007). doi: 10.1117/12.749180.

[90] Engin Tola Vincent Lepetit Pascal Fua. A Fast Local Descriptor for Dense Matching [J]. Computer Vision and Pattern Recognition, 2008, 6: 1 - 5.

[91] Dominik Rue, Ralf Reulke. Ellipse Constraints for Improved Wide - Baseline Feature Matching and Reconstruction [J]. IWCIA 2011, LNCS 6636, 2011: 168 - 181.

[92] 刘亦书. 基于协方差矩阵的仿射不变量 [J]. 小型微型计算机系统, 2007, 7: 1282 - 1286.

[93] Adam Baumberg. Reliable Feature Matching Across Widely Separated Views [C]. IEEE. Proceedings of the IEEE Computer Society Conference on Computer Vision and Pattern Recognition. Los Alamitos, USA. 2000 v1: 774 - 781.

[94] 王宇宙, 汪国平. 基于局部仿射不变特征的宽基线影像匹配 [J]. 计算机应用, 2006, 26 (5): 1001 - 1003.

[95] XIAO J J, SHAH M. Two - frame wide baseline matching [C]. IEEE Computer Society. Proceedings of the Ninth IEEE International Conference on Computer Vision (ICCV' 03). Nice, France. 2003: 603 - 609.

[96] LI C L，MA L Z. A new framework for feature descriptor based on SIFT [J]. Pattern Recognition Letters 2009 (30) 544 – 557.

[97] CUI C H，KING NGI NGAN. Scale and Affine – Invariant Fan Feature [J]. IEEE Transactions on Image Processing，2011，20（6）：1627 – 1640.

[98] 刘坤，罗予频，杨士元. 大视角下非平面场景的图像特征匹配 [J]. 清华大学学报（自然科学版），2010，50（4）：499 – 502.

[99] YU G S，Jean – Michel Morel. A FULLY AFFINE INVARIANT IMAGE COMPARISON METHOD [C]. ICASSP 2009. IEEE978 – 1 – 4244 – 2354 – 5. 2009，1597 – 1600.

[100] 岳思聪，郑江滨，赵荣椿. 基于奇异值分解的宽基线图像匹配算法 [J]. 计算机科学，2009，36（3）：223 – 225.

[101] 赵峰，黄庆明，高文. 一种基于奇异值分解的图像匹配算法 [J]. 计算机研究与发展，2010，47（1）：23 – 32.

[102] YANG D D，Andrzej Sluzek. A low – dimensional local descriptor incorporating TPS warping for image matching [J]. Image and Vision Computing. 2010 (28)：1184 – 1195.

[103] ZHAO G Q，CHEN L，CHENG C，et al. KPB – SIFT：A Compact Local Feature Descriptor [C]. MM' 10，2010，Firenze，Italy. ACM 978 – 1 – 60558 – 933 – 6/10/10.

[104] 郑永斌，黄新生，丰松江. SIFT 和旋转不变 LBP 相结合的图像匹配算法 [J]. 计算机辅助设计与图形学学报，2010，22（2）：286 – 191.

[105] 纪华. 仿射不变特征提取及其在景象匹配中的应用 [D]. 北京：中国科学院研究生院，2010.

[106] Loris Nanni，Alessandra Lumini. A multi – matcher for ear authentication [J]. Pattern Recognition Letters 2007 (28)：2219 – 2226.

[107] LI J，NIGEL M. Allinson. A comprehensive review of current local features for computer vision [J]. Neurocomputing 2008，71：1771 – 1787.

[108] DU Q. Huynh Amritpal Saini Wei Liu. Evaluation of Three Local Descriptors on low Resolution Images for Robot Navigation [C]. 24th International Conference Image and Vision Computing，New Zealand (IVCNZ 2009)，2009：113 – 118.

[109] SCHWIND P，SURI S，REINARTZ P，et al. Applicability of the SIFT operator to geometric SAR image registration [J]. International Journal of Remote Sensing，2011，31（8）：1959 – 1980.

[110] Anders Lindbjerg Dah，Henrik Aanæs，Kim Steenstrup Pedersen. Finding the Best Feature Detector – Descriptor Combination [C]. 3DIMPVT 2011，Proceedings – 2011 International Conference on 3D Imaging，Modeling，Processing，Visualization and Transmission. Hangzhou，China. 2011：318 – 325.

[111] SUN H，WANG C，HAO S Y. Combining local affine frames and SIFT for remote sensing image registration [C]. MIPPR 2009：Multispectral Image Acquisition and Processing. Proc. of SPIE Vol. 7494 74941B. doi：10. 1117/12. 832498.

[112] Zoltan Megyesi. Dense Matching Methods for 3D Scene Reconstruction from Wide Baseline Images [D]. Eotvos Lorand University（France，written in English），PhD Program in Informatics. Computer and Automation Research Institute Hungarian Academy of Sciences. Budapest 2009.

[113] WU Y D，MING Y. A robust registration method for high resolution remote sensing Images [C]. Geoinformatics 2008 and Joint Conference on GIS and Built Environment：Classification of Remote

Sensing Images，Proc. of SPIE，2008（7147）doi：10. 1117/12. 813235.

[114] 郭建锋，赵俊. 粗差探测与识别统计检验量的比较分析 [J]. 测绘学报，2012（41）. 14 – 18.

[115] Liran Goshen, Ilan Shimshoni. Guided Sampling viaWeak Motion Models and Outlier Sample Generation for Epipolar Geometry Estimation [J]. Int J Comput Vis（2008）DOI：10. 1007/s11263 – 008 – 0126 – 8.

[116] SONG Z L，ZHANG J P. Remote Sensing Image Registration Based on Retrofitted SURF Algorithm and Trajectories Generated From Lissajous Figures [J]. IEEE GEOSCIENCE AND REMOTE SENSING LETTERS，2010（7），491 – 495.

[117] 曾丹，史浩，张琦. 多相似内容图像的特征匹配 [J]. 计算机辅助设计与图形学学报，2011（23）：1725 – 1733.

[118] 牛中兴，吴剑锋，赵玉芹. GPS定位原理及其在导弹脱靶量测量中的应用 [J]. 战术导弹技术，2006（2）：66 – 70.

[119] YANG S，ZHU S B，TANG Y P. A robust 3D ranging and analytic location for mobile wireless sensor nodes [C]. ICIECS 2009，IEEE. 2009：2733 – 2737.

[120] 朱诗兵，杨晟，杨涵丹，等，复杂电磁环境下移动节点三维定位研究 [J]. 武汉理工大学学报，2010（32），141 – 145.

[121] 王昶，王旭，王彤. GPS高程拟合中剔除粗差的方法 [J]. 测绘工程，2009（18）：55 – 62.

[122] XING Y J，MENG J J，SUN J，et al. An improved region – growth algorithm for dense matching [J]. Journal of Achievements in Materials and Manufacturing Engineering. 2006. 18（1 – 2）：323 – 326.

[123] Jae Chul Kim, Kyoung Mu Lee, Byoung Tae Choi，et al. A Dense Stereo Matching Using Two – Pass Dynamic Programming with Generalized Ground Control Points [C]. Proceedings of the 2005 IEEE Computer Society Conference on Computer Vision and Pattern Recognition（CVPR' 05），San Diego，CA，United States，2005：1075 – 1082.

[124] LANG H T，WANG Y T，QI X，et al. Enhanced Point Descriptors for Dense Stereo Matching [C]. IASP 10 – 2010 International Conference on Image Analysis and Signal Processing，IEEE，Xiamen，China，2010：228 – 231.

[125] CAO F P，WANG R B. A Stereo Matching Algorithm for Lunar Rover [C]. 2nd International Conference on Computer Engineering and Technology. 2010，v1：586 – 589.

[126] JIERUI XIE，MANDIS S BEIGI. A scale – invariant local descriptor for event recognition in 1D sensor signals [J]. ICME，2009：1226 – 1229.

[127] Luigi Di Stefano, Massimiliano Marchionni，Stefano Mattoccia. A fast area – based stereo matching algorithm [J]. Image and Vision Computing，2004（22）：983 – 1005.

[128] Naokazu Yokoya. DENSE MATCHING OF TWO VIEWS WITH LARGE DISP – LACEMENT [C]. Image Processing，IEEE International Conference Proceedings. ICIP – 94. 1994. 213 – 217.

[129] LIU T L，ZHANG P Z，LUO L M . Dense Stereo Correspondence with Contrast Context Histogram，Segmentation – Based Two – Pass Aggregation and Occlusion Handling [C]. PSIVT 2009，LNCS 5414，2009. 449 – 461.

[130] ZHANG Q，KING N N. Dense Stereo Matching from Separated Views of Wide – Baseline Images [C]. ACIVS 2010，Part I，LNCS 6474，2010. 255 – 266.

[131] LI W Q，CHEN X M. A Fast Stereo Matching Using Image Segmentation for High Quality Dense Disparity Maps［C］. 3rd IEEE International Conference on Computer Science and Information Technology. Chengdu，China. 2010. 239 – 243.

[132] 王保丰，唐歌实，李广云，等．一种月球车视觉系统的匹配算法［J］. 航空学报，2008，29（1）：117 – 122.

[133] Dimitri Bulatov，Peter Wernerus，Christian Heipke. Multi – view dense matching supported by triangular meshes［J］. ISPRS Journal of Photogrammetry and Remote Sensing.（2011），doi：10. 1016/j. isprsjprs. 2011. 06. 006.

[134] JUHO KANNALA，SAMI S BRANDT. Quasi – Dense Wide Baseline Matching Using Match Propagation［C］. Computer Vision and Pattern Recognition，2007. IEEE，2007：1 – 8.

[135] 陈占军，戴志军，吴毅红．建筑物场景宽基线图像的准稠密匹配［J］. Journal of Frontiers of Computer Science and Technology. 2010，4（12）：1089 – 1099.

[136] 云挺，肖亮，吴慧中．一种基于光流和能量的图像匹配算法［J］. 计算机科学，2008，35（7）：227 – 230.

[137] 吉大纯，李学军，谢剑薇．一种分层的航空影像匹配算法［J］. 装备指挥技术学院学报，2008，4（19）：73 – 76.

[138] ZHANG G，PAN H B，JIANG W S，QIN X W. Epipolar Resampling and Epipolar Geometry Reconstruction of Linear Array Scanner Scenes Based on RPC Model［J］. REM OTE SENSING FOR LAND & RESOURCES. 2010，l2（4）：1 – 5.

[139] LIN G Y，CHEN X，ZHANG W G. A Robust Epipolar Rectification Method of Stereo Pairs［C］. IEEE. Piscataway，NJ，USA . 2010 International Conference on Measuring Technology and Mechatronics Automation. Changsha，China. DOI 10. 1109/ICMTMA. 2010. 220.

[140] David Nister and Christopher Engels. Estimating global uncertainty in epipoloar geometry for vehicle – mounted cameras［C］. Proc. of SPIE Vol. 6230，62301L，（2006）doi：10. 1117/12. 666408.

[141] Yonatan Wexler，Andrew W. Fitzgibbon and Andrew Zisserman Visual Geometry Group，. Learning epipolar geometry from image sequences［C］. Proceedings of the 2003 IEEE Computer Society Conference on Computer Vision and Pattern Recognition（CVPR’03）. Department of Engineering Science，University of Oxford，United Kingdom，2003：1 – 8.

[142] 李学军，谢剑薇，吉大纯，等．相机外参数标定的数值解法［J］. 计算机技术与发展，2008，18（12）：178 – 181.

[143] 张剑清，张祖勋．高分辨率遥感影像基于仿射变换的严格几何模型［J］. 武汉大学学报（信息科学版），2002，27（6）：555 – 559.

[144] Taejung Kim. A Study on the Epipolarity of Linear Pushbroom Images［J］. Photo – grammetric Engineering and Remote Sensing，2000，66（8）：961 – 966.

[145] 陈鹰．遥感影像的数字摄影测量［M］. 上海：同济大学出版社，2003.

[146] 张过，潘红播，江万寿，等．基于 RPC 模型的线阵卫星影像核线排列及其几何关系重建［J］. 国土资源遥感，2010，4：1 – 5.

[147] 胡广书．数字信号处理理论算法与实现［M］. 第二版．北京：清华大学出版社，2003.

[148] 叶勤，陈鹰．图像压缩对影像匹配精度影响的研究［J］. 遥感信息，2001，4：16 – 19.

[149] YONG SEOK HEO，KYOUNG MU LEE，SANG UK LEE. Robust Stereo Matching Using

Adaptive Normalized Cross - Correlation [J]. IEEE Transactions on Pattern Analysis and Machine Intelligence, 2011. 33 (4): 807 - 822.

[150] 刘进, 闫利. 图像相关匹配算法的快速实现 [J]. 武汉大学学报 (信息科学版). 2007, 32 (8): 684 - 687.

[151] M. Usman Akram. Anaum Ayaz, Junaid Imtiaz. Morphological and gradient based fingerprint image Segmentation [C]. Proceedings of the 4th International Conference on Information and Communication Technologies. Karachi, Pakistan. 2011: 159 - 162.

[152] YAO J C, CHIA T C, YAN C H, et al. Automatic Satellite Image Registration Based on Intensity Matching [C]. IEEE 2001 International Geoscience and Remote Sensing Symposium. Sydney, NSW, Australia . 2001. 3297 - 3299.

[153] LU Z Q, WANG Z, GUO H G. A Geometric Point Sets Pattern Matching by Motion Estimation [C]. 2011 International Conference on Multimedia and Signal Processing. DOI 10. 1109/ CMSP. 2011. 168.

[154] WANG K, XIA Q, SHI T L, LIAO G L, et al. A Pattern Matching Method Using Geometric Information of Images [C]. Proceedings of 6th IEEE International Conference on Nano/Micro Engineered and Molecular Systems. Kaohsiung, Taiwan. 2011: 33 - 36.

[155] CEM UNSALAN. A model based approach for pose estimation and rotation invariant object matching [J]. Pattern Recognition Letters 2007, 28: 49 - 57.

[156] KONG F Z, ZHANG X Z, WANG YI Z, et al. Fast matching location algorithm based on mixed moment for wire bonding [C]. 2008 International Conference on Optical Instruments and Technology. Zhaoying Zhou. Beijing, China . Proc. of SPIE Vol. 7159 71590F - 1. doi: 10. 1117/12. 807010.

[157] LI G X, YANG B, DAI M. Multi - Scal E Image Description with Rotation Invariants of Gaussian - Hermite Moments [C]. Proceedings of the 2011 International Conference on Wavelet Analysis and Pattern Recognition, Guilin, 2011: 12 - 18.

[158] HAROLD S. STONE, MICHAEL T. ORCHARD, EE - CHIEN CHANG. A Fast Direct Fourier - Based Algorithm for Subpixel Registration of Images [J]. IEEE TRANSACTIONS ON GEOSCIENCE AND REMOTE SENSING, 2001. 39 (10): 2235 - 2244.

[159] 刘直芳, 王运琼, 朱敏. 数字图像处理与分析 [M]. 北京: 清华大学出版社, 2006.

[160] REDDY B S, CHATTERJI B N. An FFT - based technique for translation, rotation, and scale - invariant image registration [J], IEEE Transactions on Image Processing, 1996, 5: 1266 - 1271.

[161] HAROLD S. STONE, TAO B, MORGAN MCGUIRE. Analysis of image registration noise due to rotationally dependent aliasing [J]. Journal of Visual Communication and Image Representation, 2003. 14 (2): 114 - 135.

[162] 郎利影, 张晓芳, 杨志勇. 相位相关算法在条形码识别中的应用 [J]. 河北工程大学学报 (自然科学版), 2008, 25 (4): 89 - 91.

[163] 李晓明, 赵坡, 郑链. 基于 Fourier—Mellin 变换的图像配准方法及应用拓展 [J]. 计算机学报, 2006, 29 (3): 466 - 473.

[164] 徐婉莹, 黄新生. 一种适应于旋转、平移和大尺度变换的图像配准方法研究 [J]. 信号处理, 2009, 25 (10): 1598 - 1604.

[165] SZELISKI R, SCHARSTEIN D. Sampling the disparity space image [J]. IEEE Transactions on Pattern Analysis and Machine Intelligence, 2004, 26 (3): 419 - 425.

[166] SABATER N, MOREL J M. Sub - pixel stereo matching [C]. Geoscience and Remote Sensing Symposium. IGARSS 2010. Honolulu, HI, United states. 2010: 3182 - 3185.

[167] YANG Y, SONG Y X, Muhammad Akram Shaikh, et al. A high - precision template localization algorithm using SIFT keypoints [C]. IEEE. 23rd International Symposium on Computer and Information Sciences. Istanbul, Turkey. 2008, EI: EIP090511880727.

[168] Philippe Thevenaz, Urs E. Ruttimann, Michael Unser, A Pyramid Approach to Subpixel Registration Based on Intensity [J]. IEEE Transactions on Image Processing, 19987, (1): 27 - 42.

[169] 邓宝松, 高宇, 魏迎梅, 等. 一种评价仿射不变性特征定位误差的新方法 [J]. 中国图象图形学报, 2008, 13: 291 - 297.

[170] TUYTELAARS T, GOOL L V. Matching widely separated views based on affine invariant regions [J]. International Journal of Computer Vision, 2004, 59 (1): 61 - 85.

[171] 康志忠, 张祖勋, 阳凡林. 基于沿主光轴方向摄影立体像对的相对定向与核线排列 [J]. 测绘学报, 2007, 36 (1): 56 - 61.

[172] PRADIP MAINALI, YANG QIONG, GAUTHIER LAFRUIT, et al. Robust Low Complexity Corner Detector [J]. IEEE Transactions on Circuits and Systems for Video Technology, 2011, 21 (4): 435 - 445.

[173] 王海亮, 张玮, 赵祖军. 多角度最小二乘匹配精度的研究 [J]. 电力勘测设计, 2007, 3: 26 - 29.

[174] 沈扬, 徐德, 谭民. 仿人形机器人火炬传递中的高精度目标特征提取 [J]. 传感技术学报, 2005, 18 (4): 822 - 827.

[175] 石晶欣, 朱小锋, 孙明磊, 等. 基于 SUSAN 和 Hough 变换的直线边缘亚像素定位方法 [J]. 光电工程, 2008, 35 (6): 89 - 94.

[176] 卢泉, 刘上乾, 王会峰. 基于残差修剪的激光光斑高精度定位方法 [J]. 光学学报, 2008, 28 (12): 2311 - 2315.

[177] 田建东, 唐延东. 基于几何特征的快速高精度角点检测算法 [J]. 仪器仪表学报, 2009, 30 (2): 287 - 292.

[178] 韩龙, 汪增福. 基于几何约束的高精度特征点检测和相机标定 [J]. 中国科学技术大学学报, 2008, 38 (10): 1211 - 1217.

[179] LARS KRÜGER, CHRISTIAN WOHLER. Accurate chequerboard corner localisation for camera calibration [J]. Pattern Recognition Letters 2011 (32): 1428 - 1435.

[180] SHANG Z H, SHANG J X, CAI X F, et al. Active Target Tracking based on Mean Shift Algorithm and Color Template Matching [C]. IEEE. 2011 International Conference on Consumer Electronics, Communications and Networks. XianNing, China. DOI: 10.1109/CECNET. 2011. 5768728.

[181] LUCCHESE L, MITRA S. Using saddle points for subpixel feature detection in camera calibration targets [C]. IEEE, Piscataway, NJ. 2002 Asia - Pacific Conference on Circuits and Systems. Bali, Indonesia. 2002. 2: 191 - 195.

[182] 刘宁, 卢荣胜, 夏瑞雪, 等. 基于高斯曲面模型的亚像素 Harris 角点定位算法 [J]. 电子测量技术, 2011, 34 (12): 49 - 54.

[183] 陈洪波，王强，徐晓蓉，等．用改进的 Hough 变换检测交通标志图像的直线特征［J］．光学精密工程，2009，17（5）：1111－1118.

[184] 朱院娟，郭斯羽，朱志杰，等．结合 LTS 和 Hough 变换的直线检测算法［J］．2012，38（14）：206－210.

[185] 王成亮，邹峥嵘，间海庆．亚像素定位的关键问题研究［J］．海洋测绘，2007，27（1）：70－73.

[186] 夏泽邑，刘冲，王跃宗，等．视觉模型标定中的高精度图像特征提取算法［J］．计算机辅助设计与图形学学报，2005，17（4）：819－824.

[187] 杨博文，张丽艳，叶南．面向大视场视觉测量的摄像机标定技术［J］．光学学报，201，32（9）：159－167.

[188] SCHARSTEIN D，PAL C. Learning conditional random fields for stereo［C］. In IEEE Computer Society Conference on Computer Vision and Pattern Recognition (CVPR 2007)，Minneapolis，MN，USA. 2007. 1－8.

[189] 程亮，龚健雅，韩鹏，等．遥感影像仿射不变特征匹配的自动优化［J］．武汉大学学报（信息科学版），2009，34（4）：418－422.

[190] 林宗坚，宣文玲，王艳．高分辨率影像定位的一种新方法［J］．武汉大学学报（信息科学版），2004，29（4）：363－366.

[191] 赵斐伙，胡莘，关泽群，等．三线阵 CCD 影像的像点自动匹配技术研究［J］．测绘科学，2008.33（4）：12－14.

[192] LI C L，LIU J J，REN X，et al. The global image of the moon by the Chang'E－1：Data processing and lunar cartography. Sci China Earth Sci，2010，doi：10.1007/ s11430－010－0053－8.

[193] 李学军，王林旭，吴滇晖，等．大规模地形散乱点的快速构网算法［J］．计算机仿真，2009，26（11）：211－214.

[194] 赵葆常．嫦娥二号卫星有效载荷 CCD 立体相机正样设计报告［R］. 中国科学院探月工程应用系统总体部，中科院西安光机所，2009.

[195] 陈国良．并行计算-结构 算法 编程［M］. 北京：高等教育出版社，2007.

[196] 孙亚楠，等．天基信息支援支持远程精确打击作战及其体系建设的需求［J］．战术导弹技术，2018.

[197] 魏雯．2025 年前俄罗斯对地遥感航天系统的发展方向［J］．中国航天，2011，8.

[198] 李忠宝．遥感卫星系统及其应用的发展与思考［J］．卫星应用，2014，11.

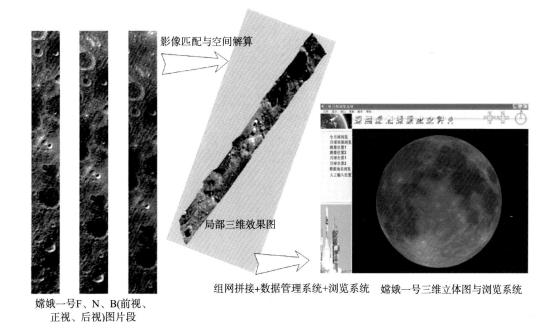

影像匹配与空间解算

局部三维效果图

嫦娥一号F、N、B(前视、正视、后视)图片段

组网拼接+数据管理系统+浏览系统　嫦娥一号三维立体图与浏览系统

图 1-4　嫦娥一号三维月图制作过程示意图 （P12）

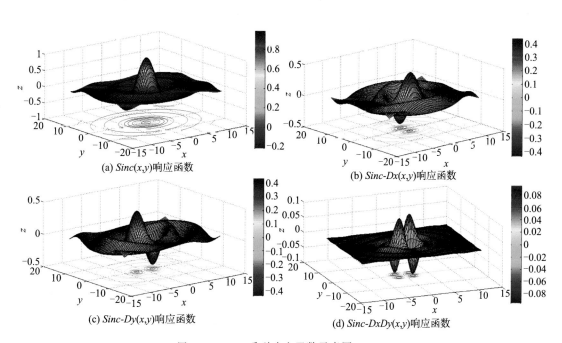

(a) *Sinc(x,y)*响应函数

(b) *Sinc-Dx(x,y)*响应函数

(c) *Sinc-Dy(x,y)*响应函数

(d) *Sinc-DxDy(x,y)*响应函数

图 2-8　Sinc 系列响应函数示意图 （P47）

(a)尺度变化和重复特征下RAIPy MuDePoF匹配算法效果　　(b) 视角变化和尺度变化下RAIPy MuDePoF匹配算法效果

(c)匹配算法在扭曲和仿射变形下的匹配效果　　　(d)图像模糊和光照不同下RAIPy MuDePoF匹配算法效果

图 2 - 20　RAIPy MuDePoF 匹配算法效果（自动密度控制显示）（P60）

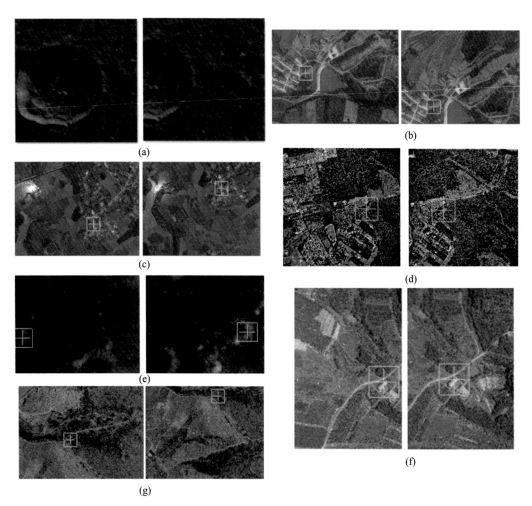

图 2 - 22　所测试的几组高分辨率遥感影像及测试部分（P61）

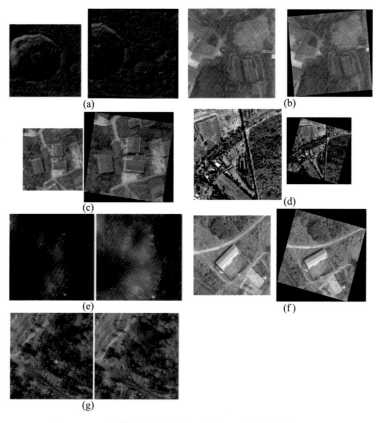

图 2-23 截获图像变换处理后的几组测试像对 (P62)

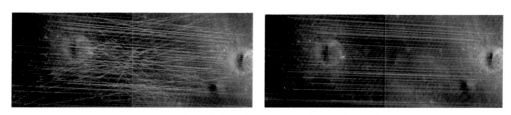

(a)第一组初始匹配与REPORAL算法处理后效果

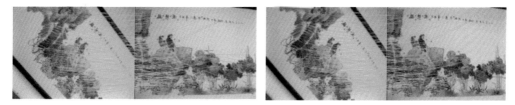

(b)第二组初始匹配与REPORAL算法处理后效果

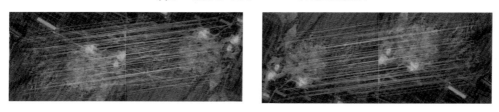

(c)第三组初始匹配与REPORAL算法处理后效果

图 2-29 REPORAL 处理效果 (P72)

图 3 - 4　某地的彩色遥感影像核线重排列后影像缩略图（P85）

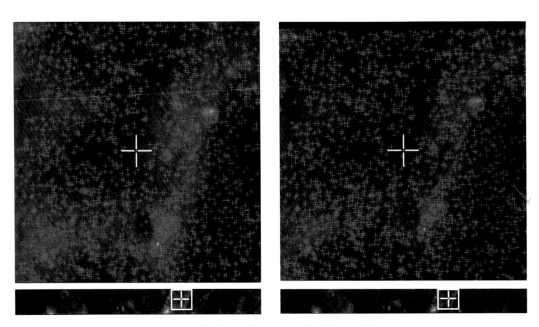

图 3 - 7　匹配算法进行月图匹配局部效果显示图（P90）

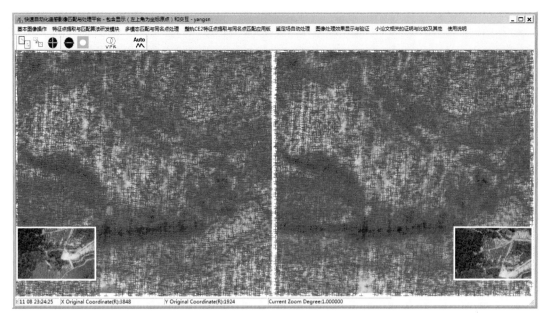

图 3 - 8　本算法在航空影像上的匹配效果（P91）

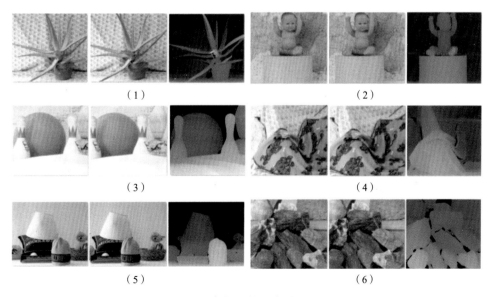

（1）　　　　　　　　　　　　　（2）

（3）　　　　　　　　　　　　　（4）

（5）　　　　　　　　　　　　　（6）

图 4 - 29　已知视差的图片测试（P130）

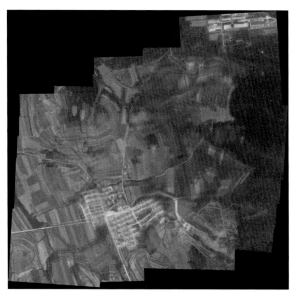

图 5-4 5条不同航线遥感影像拓扑关系图（未进行相对定向）（P140）

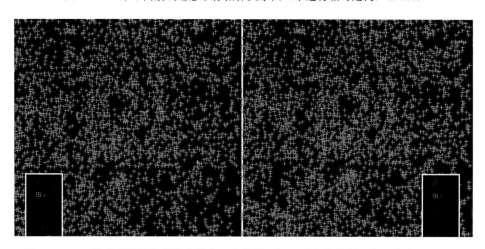

图 6-5 432轨前后视局部影像准稠密匹配效果（仅显示密度控制后的显著点）（P148）

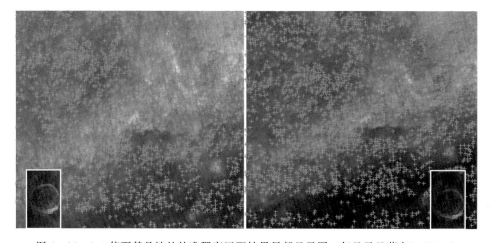

图 6-11 1.0倍下某月坡处的准稠密匹配结果局部显示图（仅显示显著点）（P154）

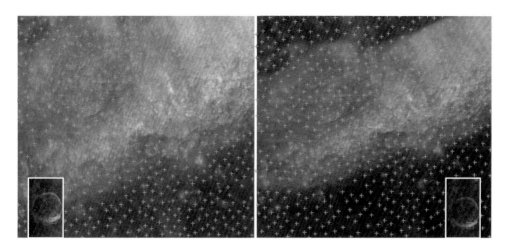

图 6-12 0.7 倍下某月坡处的准稠密匹配结果局部显示图（自动密度控制显示）（P154）

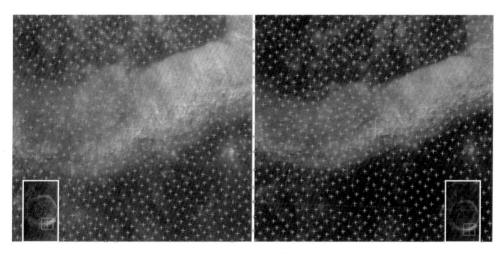

图 6-13 0.4 倍下某月坡处的准稠密匹配结果局部显示图（自动密度控制显示）（P154）

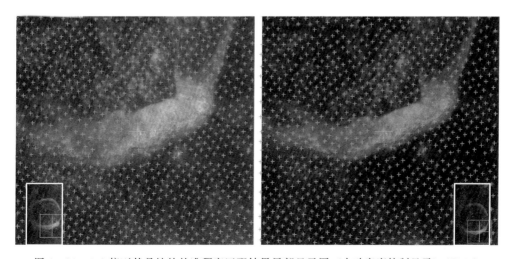

图 6-14 0.2 倍下某月坡处的准稠密匹配结果局部显示图（自动密度控制显示）（P155）

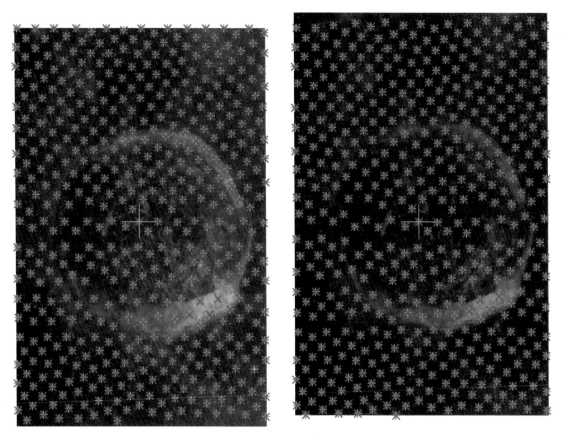

图 6-15　某月坡处的准稠密匹配结果整体显示图（自动密度控制显示）（P155）